植えこみに刺さっていた子猫を飼うことにした。
UEKOMI NI SASATTEITA KONEKO WO KAUKOTONI SHITA
たぁぽん
ぶんか社

UEKOMI NI SASATTEITA

KONEKO WO KAUKOTONI SHITA

# CONTENTS



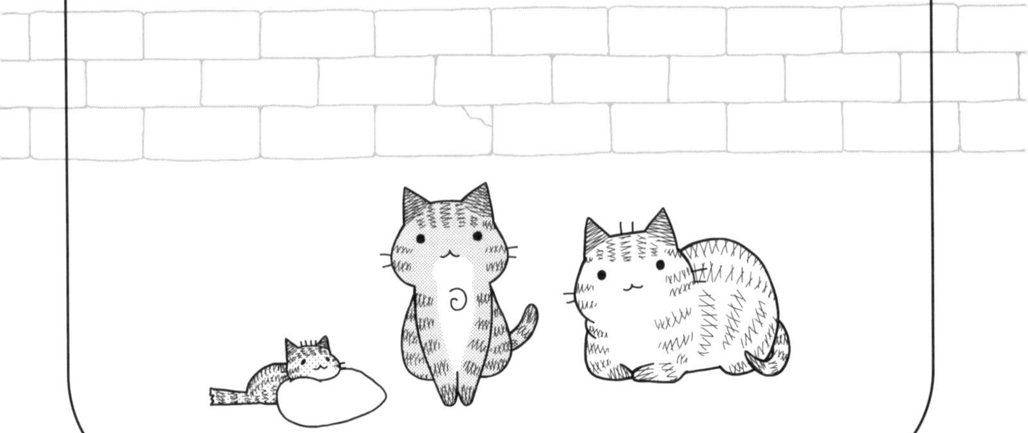

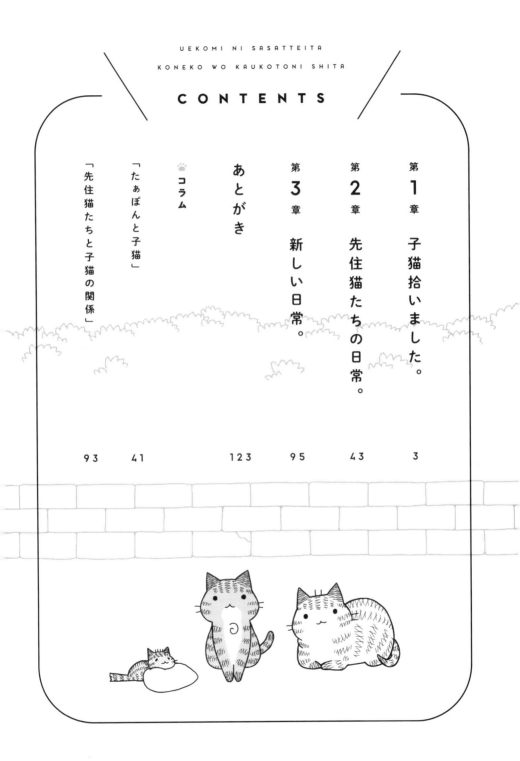

＼ 第1章 ／

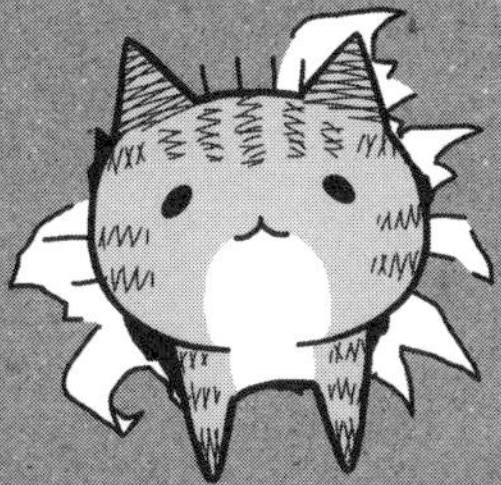

# 子猫
# 拾いました。

UEKOMI NI SASATTEITA
KONEKO WO KAUKOTONI SHITA

CHAPTER ONE

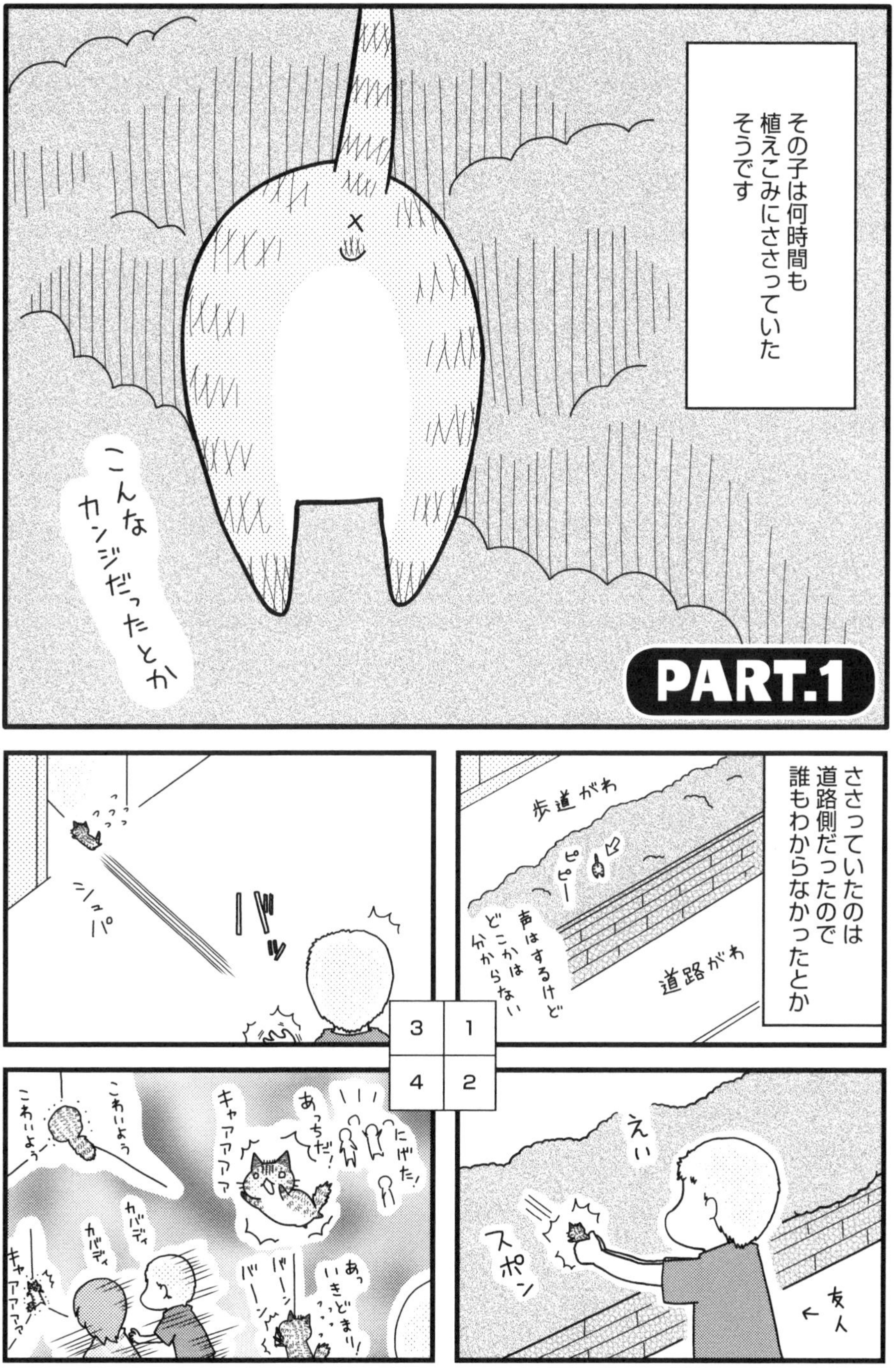

その子は何時間も植えこみにささっていたそうです
こんなカンジだったとか
PART.1
ささっていたのは道路側だったので誰もわからなかったとか
歩道がわ
ピピー
声はするけどどこかは分からない
道路がわ
えい
スポン
友人
シュパ
ドッ
こわいよう
こわいよう
キャアアアア
あっちだ!
にげた!
カバディ
カバディ
キャアアアア
バーン
バーン
あっ いきどまり!

# 箱からこんにちは

というわけで子猫を保護したよ
友人夫妻
箱も大きいのしかなかった
うちで飼いたいけどちょっとムリなので…
ちなみにたぁぽんにメール送ったんだがギャー
みてなかった!
うおお小さい!
うわー小さい! 今までで一番小さいかも
タオルは同じマンションの人からのいただきもの
そこの人も猫を飼ってるけどケージの数的にムリとか…
あー
トトトトトトトトトトトト
まぁアレだよな巨人たちに追われた人間の気分だよな
ズシーン
ズシーン
ズーン
ヒィィィィ
駆逐なんてムリムリムリ
熱気
奇行にはしる巨人
ビク
ビク
子猫用のごはん… トイレの砂…
ミルクはいるかな
あれどこに?
パシャー
子にゃんコ様に貢ぐ用意

# イヤな予感が

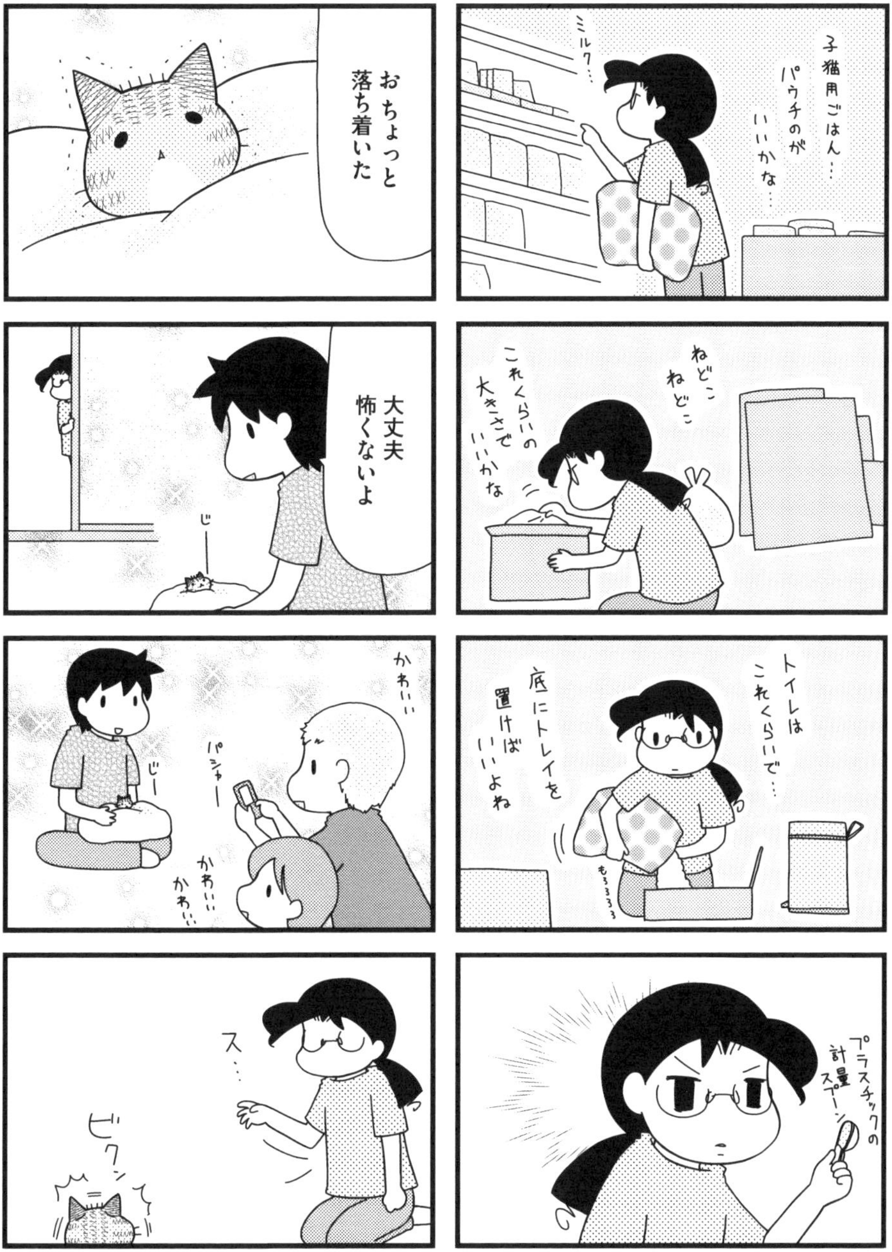
子猫用ごはん…
パウチのがいいかな…
ミルク…
ねどこ ねどこ
これくらいの大きさでいいかな
トイレはこれくらいで…
底にトレイを置けばいいよね
もろろろろ
プラスチックの計量スプーン
おちょっと落ち着いた
大丈夫怖くないよ
じー
かわいい
パシャー
じー
かわいいかわいい
ス…
ビクン

# 覚えてしまう

しまった…
すでに私だけ カベができてる…
まぁ今までも 部外者のポジション だったし
↓拾ってきた人リスト
りんご→ダンナ
れもん→ダンナ
ぶどう→私の父
らいち→ダンナ
NEW! 友人夫妻
大丈夫!
フォローと思いきや まさかのとどめ!
それよりも 名前をどうするか だよなぁ
あ、もう 家のコ決定?
じー
くだもので かわいい名前を一緒に 考えてほしいです
5日くらいは なやむと 思いますしー
わかったー
しばらくは 仮の名前で呼ぼう
じゃあ… ベルメーヌ3世で
なぜ
ベルメーヌー
ベーちゃんー
ベルメーヌー
……
じいいい
あれ…これ 早く名前決めないと ヤバいんじゃ…

# もくつう…？

あ そうだ！
ちょっと見てみ？
こうして服の中に入れれば早くにおいを覚えてくれるんだぜ！
さらにポイントアップ！
がほ
もぞもぞもぞもぞ
……な？
なんというか大物になりそうですね
なにが「な？」なのかはともかくとして
名前を決めるのは時間がかかると思っていたのですが
4センチくらい
ちっちゃい…
いろいろちっちゃい…
カッ
木通《あけび》…
おまえはあけびになるのだ！
※我が家の命名の儀式
とダンナが天啓にうたれて決定しました
意外にあっさり
木通（あけび）
オス
1カ月くらい？

# 2匹＋1匹＝カオス

木通ちゃん
4センチくらい
おさわり禁止中
わかりにくい…
木通
うん なんで木通って書いてあけびなんだろうな
でもかわいい…
おさわり1回おいくら？
ス…
時価
ざくろとかかりんとか
読者さんたちの考えてくれた名前もかわいかったんだけどピカってきた
名前も決まってひと安心だけど
読者さんと担当さんが混乱しそうだなぁ
え？
キジだー!!
3匹ともキジ柄のオス
次回からカオスがはじまる…!?

PART.2
らいち
ぶどう
あけび
新入りのにゃんコもキジ柄のオスです
あたまはちっちゃいままで
からだだけ大きくなってきた
カラーならなんとか…うん…
ちょっとグレーな毛
黒っぽい毛
赤味のある毛
今回は担当さんに助けられたというか…
茘枝《らいち》の時も悩んでたしな
同じキジ柄や――ん とかで
それ!
茘枝の時はトーンをはがして解決したのです
単行本の一冊目が戦いの記録になってます
ポーーン

# 未来の私へ

今のところわかった木通ちゃんの特徴
キツネのように赤味のある毛
ちょっとタレ目
目の色は茶色
骨がポキーンとなってる
ココ
しっぽの先のもようが少ない
かぎしっぽ
でもこの特徴も大人になる頃には変わってそうだし…
…よし！1年後に考えよう！
未来の自分に丸投げ！
手作りのおうち
そんな木通ちゃんがわが家にきたばかりの時の話です
箱から出てきませんねぇ
知らないところにきたばかりだしな
そっとしとき
トトトト…
キャアーー！
ぶどう
あ

# 何かいた

ギュウー
ヒィィィ
ピス ピス ピス ピス ピス
ちょっと刺激が強いような…
カベ作っておくか…
ちらり
いまの…なに?
あ 出てきた
そりゃ気になりますよね

# 年上の方々

# ふたりの先輩

木通はお兄《にい》ちゃんを見ていろいろ学んでます
しょーーー
あっ
ダンボールで作ったトイレ
じーー
このトイレは木通のトレーニング用の…あれっ
しーー
おしっこしてる!!
てきどなきょり
にゃんコのルールもしっかりと
そうか…トイレの使い方を教えてたのかも
バババババ
つめとぎ
パパパ
ガサガサ
ゴミばこ
ガサガサ
カサカサカサ

# 元気に育つ

調子に乗りすぎると怒られることもあるようです
どた
どた
どた
がし
ぴょん
かみ
かみ
かみ
あれ なつかしい感覚が…
いたい!!
シャー
キャッ
ボィン
ンシャー!
今のは仕方がないというか…
木通はどんな子に育っていくのか…この先が楽しみです

PART.3
バシャ
バシャ
あけびちゃん
パカーン
あああああ
ぶどう用
水入れ
ぶどう
あー
あーあ…
ぺちぺち
待って! なんで
受け入れてるの
怒って!
ぺちぺち
3
1
4
2

# 起きてた見つけた

兄2匹が早々《そうそう》に
しつけをしなくなったのは
子供のすることだし
ねー
寝ている時は
ジャマしてこないので…
ねてる
ほかのことについては
大目に見ているのかも
ねてる
らいちIN
おきてる!
!?
がしっ
たたた

# 素材狩り

どうしたの木通ちゃん
おなかがすいたの?
キュゥ
ばばっ
ポーン
くつした
部位破壊成功!
くる
アイテムゲット!
かえしてェェェ
ひと狩りいこうぜー!
コラー
どこいったー
みて!
うーん
レア度は1くらい
かなぁ
「たぁぽんの薄皮」とか

# アイテム納品

あっ
木通ちゃん
くつした返し…あれっ
くつしたじゃない！
ここにいれとこ
木通ちゃんは
おもちゃをトイレに
隠すクセがあります
くつした
ガクリ

# ナイスなチョイス

ほわぁ…
お兄ちゃんたちのおもちゃがたくさんあるよ！
好きなのかしてもらおう
がさ
がさ
木通ちゃんが選んだのは茘枝の一番のお気に入りと
ココだけ
ねこじゃらし
葡萄《ぶどう》の一番のお気に入りのおもちゃでした
ココだけ
なぜすぐに棒からはなれてしまうのか
トイレ
おもちゃ
キャー！

# スニャイパー再び

たー
木通ちゃんの性格
「おもちゃを一度にたくさん運びたい」
これもほしい
2、3コは同時にもてるよ！
ハッ
たー
「気になったものは全部手に入れたい」
ぐいぐい
よくばりさんなのかなぁ
クッション
そして運んでいた事を忘れる
台所がおもちゃだらけになってる…
なんかおもちゃじゃないのもまざってるし
目にとまったおもちゃは全部使う
紙くず
←ホコリ
ちなみにダンナが「ハンターとして将来有望」とかいってましたが
何…というか誰を狩ろうとしてるのか怖くて聞けません
ドスたぁぽんはスキが多いぞ！
回転ジャンプ

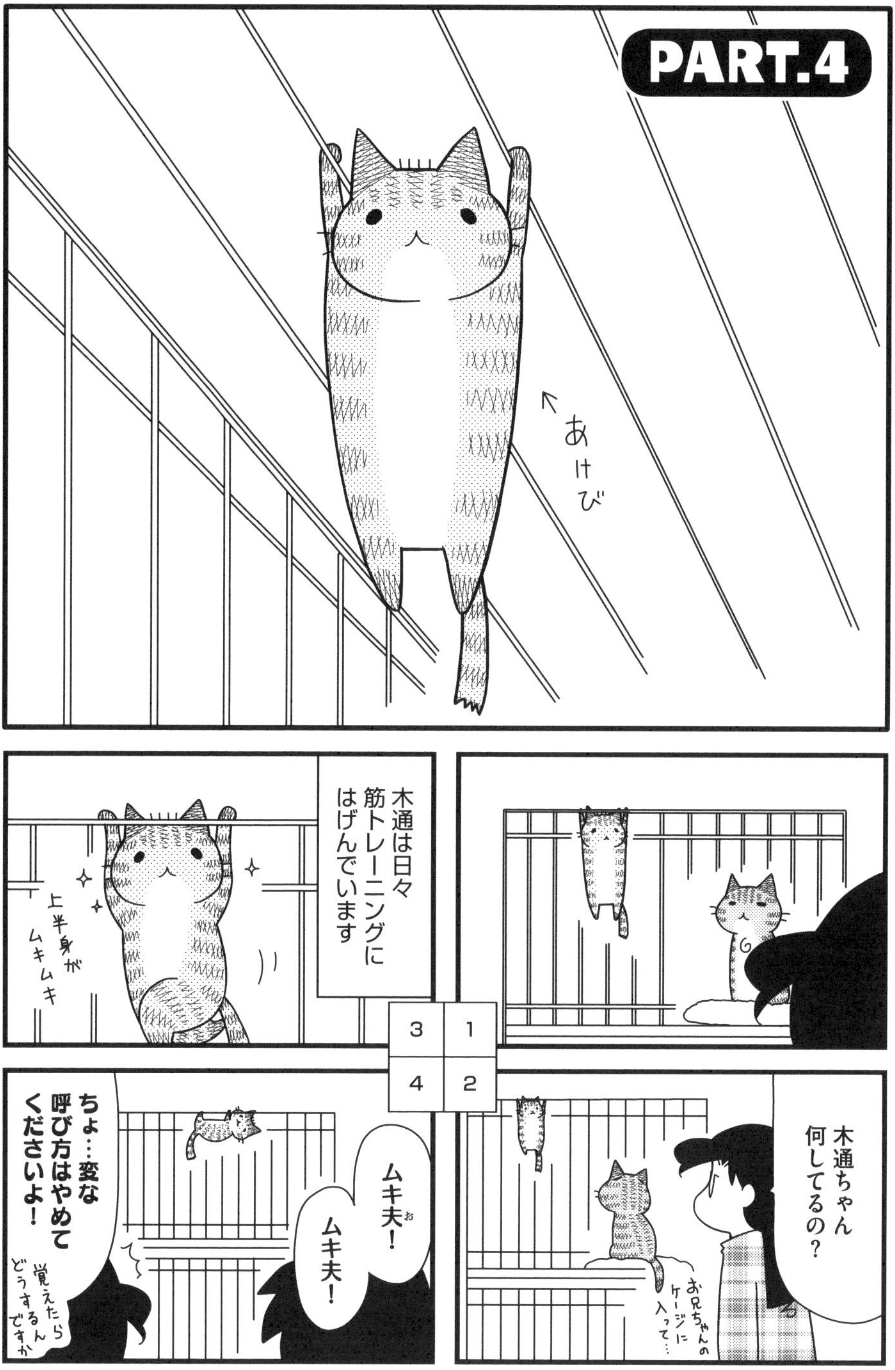
PART.4
あけび
木通ちゃん何してるの？
お兄ちゃんのケージに入って…
木通は日々筋トレーニングにはげんでいます
上半身がムキムキ
ムキ夫《お》！
ムキ夫！
ちょ…変な呼び方はやめてくださいよ！
覚えたらどうするんですか

# 遊びいろいろ

# 覚えないで

そんなムキ…木通のヒミツの特訓の成果が現れました
タッ
シュ…
①
②
③
0,2秒
0,5秒
がぶぅ
いでーーー!
1,0秒
ちょ…ちょっとやめなさい!
コラ!
つつつ
いでででぇ
ギリギリギリ
本気で怒らないと覚えちゃうかも…
フフフフ
しつけがんばれ!
コラいいかげんに…
ぐにゃり
がぶ
痛い

# 天才の予感

それはそうと夜どうしようか
夜ですか？
ほら 2月に入るとさらに冷えこむだろ
お兄ちゃんズはすでにおこもりモード
寒い時にもぐりこめる寝床は必要だよなぁ…
あー そうですねぇ
がじ
がじ
お兄ちゃんのベッドがひとつ あまってるので これで練習しましょう
あけびちゃん用のベッドも探しつつ
数時間後
小さなふくらみ
え…うそ！もう寝床の使い方覚えたの!?
もしかしてかなり頭がいい!?
どう？木通あたたかいでしょ…
めくり
いない

# 気のせいでした

おしい…
いや
アウトだろ
それからは何回チャレンジしても失敗してました
底はすべり止めのゴムがついたナイロン製（つめたい）
これもう覚えちゃったのでは？
手遅れの方向
いえまだ大丈夫です
えーと
えーと
妥協
ドーナツクッション
毛布
ひっくり返した寝床
（もぐりこんでもつめたくない）

# 覚えてしまった

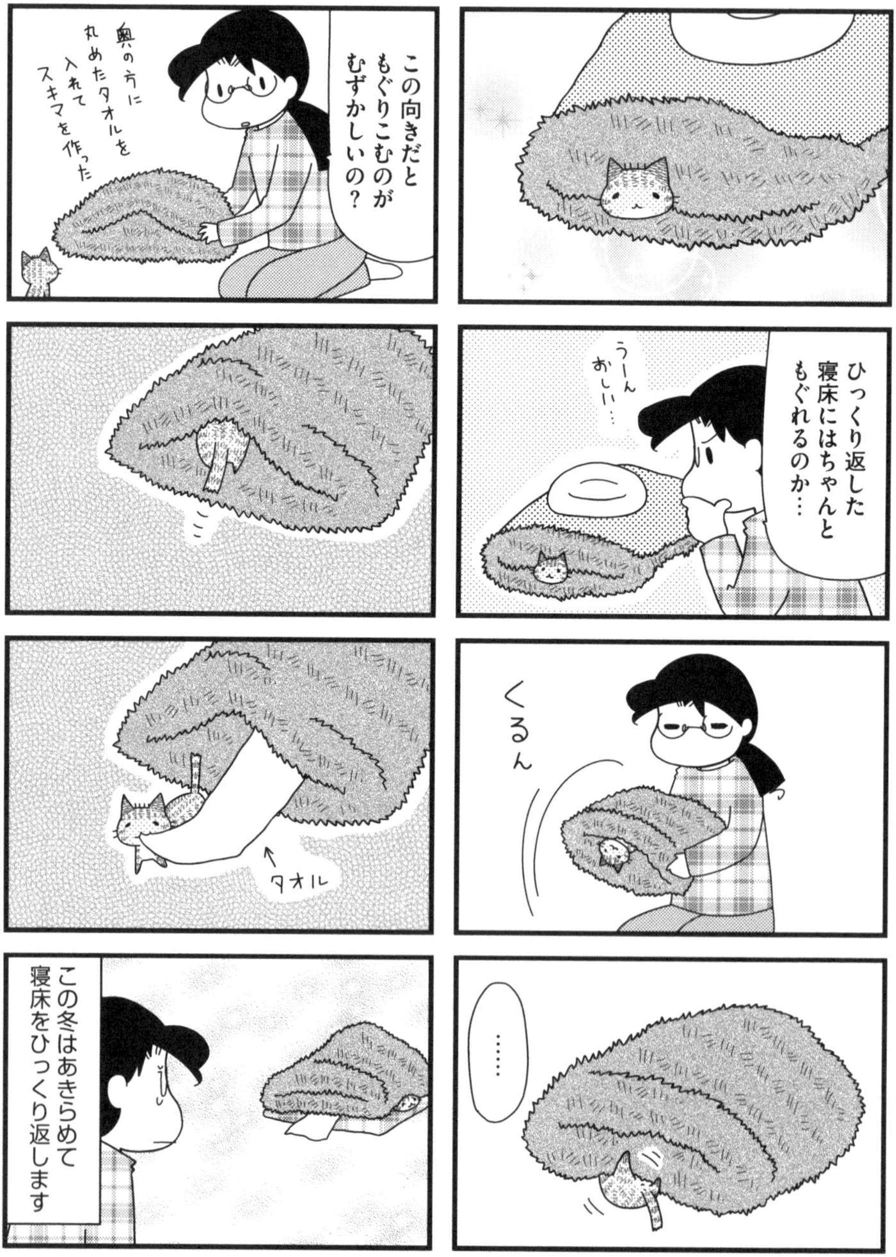
ひっくり返した寝床にはちゃんともぐれるのか…
うーんおしい…
くるん
……
この向きだともぐりこむのがむずかしいの？
奥の方に丸めたタオルを入れてスキマを作った
タオル
この冬はあきらめて寝床をひっくり返します

PART.5
ぶどう
あけび
スッ
スカッ
もり もり
?
?
あっ
木通ちゃん それは葡萄の…
ぐにゃ
がぶぅ
痛い
そうじゃなくて 自分のごはんを…
にげた!
やだい
木通ちゃんは ちょっとワガママに なりました

# なすび畑

何？カリコリ食べなくなったの？
もうあきたん？
いえ 一応食べてくれるのですが
葡萄のごはんのとり肉や…
さりげなくうばうのがコツ
いろいろな味の猫缶を食べてるので
お兄ちゃんの猫缶の種類は多い
さりげなく引きよせるのがコツ
ちょっと舌が肥《こ》えたというか
お兄ちゃんカリコリもたべる
木通ちゃんは今急成長しているところなので
6カ月で一気に大きく
子猫用ごはんを中心に食べています
やわらかいパウチごはんは朝と夜のみ
お兄ちゃんのごはんでは足りない栄養もあるそうなんです
でもおいしいからたべちゃう
このままだとなすび2号…
らいち
なすび1号
それは怖い

# なんでも食べよう

カリ
コリコリッ
お兄ちゃんのカリコリ
カリコリなら自分の…
サッ
子猫の頃に いろいろなものを食べるのはいいことらしいのですが
限度があると思うの
子供に甘いぶどう
もぐ もぐ
パン
コラー
ぺろり
とうとう人の食べ物にも…
そろそろアレの出番か
ダメ!
あけびたべる
アレ…ああ
チューブわさび

# みどりのトッピング

チューブ入り……
それはわが家の
ファイナルウエポン
にんにく
わさび
しょうが
からし
種類も
いろいろ
歴代のにゃんコは
必ずこの洗礼を
うけています
アー
ツーン
わさび
初代
（キジ）
お兄ちゃんズも
ごらんのとおり
見た
だけで
逃げる
ヤツだ！
これを興味をもった
食べ物につけて…
にうー
私の
パンが！
木通～
これ
早《はや》っ
ぱっ
もしゃ
もしゃ
……あれ？
ごくん

# わさびの威力

はうーーん!
そりゃそうだよね
よかった反応あった
これで木通ちゃんもひとつ学んだかも
おみずーー!
サク…
うはーーーん!
ごくごく
水

# 興味をもたせて

あれ でも
これはこれで…
あ そうだ
木通のカリコリ
ちょっとかして
あまり食べなくなったやつ
?
こねこのごはん
てん
てん
カリコリごはん
ゴール
……
いくらおバカな
木通ちゃんでも
それは…
カリ
コリ
カリ
コリ
おバカだった！
カリ
コリ
ゴール
これで木通ちゃんの
なすび化は回避
できるのでしょうか

PART.6
ゴソ
ゴソ
コン…
コン
ゴソ…
そのうんにょは私のものだーー!
あけび↓
スパーーン
ビクッ
うんにょ!
うんにょーー!!
アキャーー!!
アキャ…
めっちゃ声がひびいたョ
近所の人どんな変態行為をしているのかと思ってるよなぁ

# まつりの時間だ

木通ちゃんは今キケンな遊びをしています
春のモザイクまつり
以前はダンボールや紙製のトイレ砂で遊んでいたのですが…
ダンボール
床を水びたしにしておく
こね こね
トイレ
メロンパンたべようっと
ガラ
こね こね
こね こね
水にとけたうんにょ
!?
ギィイャアーアァ

# 隠された宝

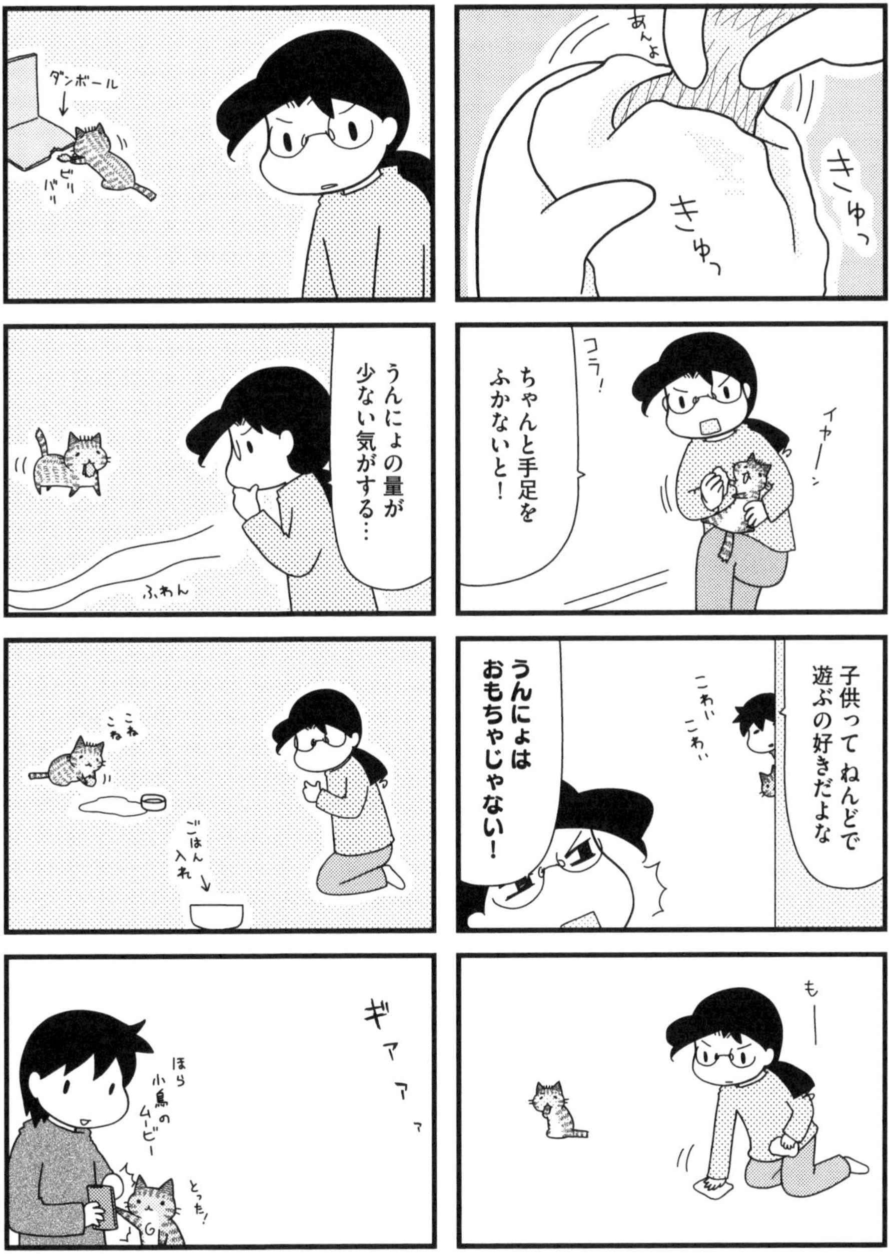

あんよ
きゅっ
きゅっ
コラ!
ちゃんと手足をふかないと!
イヤーン
子供ってねんどで遊ぶの好きだよな
こわい
こわい
うんにょはおもちゃじゃない!
もー
ダンボール
ビリ
バリ
うんにょの量が少ない気がする…
ふわん
ここね
ここね
ごはん入れ
ギアアァ
ほら小鳥のムービー
とった!

# 思い知ってください

あちこちに隠すのも楽しいようです
こんなスキマに！
宝探しなら私も楽しいけど…
これは宝じゃないよね
あけびいまいそがしい
きいてる？
木通自身が困ってないからかも
すぐそうじするから
一度ほうっておいてイヤな思いをしてもらうとかは？
水が汚れてのめないとか
足が汚れてきもちわるいとか
うん○ですべるとか
一度ほうっておく…
そうじが大変だけど
あとは覚悟だけだな
……よし！
次のうんにょ遊びはお母《かあ》さん知らないからね！
お母さんはカクゴをきめました

# 光　あ　れ

# 怖いのはおフロとトイレの時

COLUMN 1

# 「たぁぽんと子猫」

どうして木通《あけび》ちゃんが何時間も植えこみに刺さっていたのか…。
今考えても決して解決しないナゾとなっています。

ただ、その経験からか、わが家に連れてこられた時は、それはもう警戒心の塊でした。
そんな塊を見た私の頭の中に、あるひとつの邪悪な思いが湧き上がってきたのを覚えています。

（今がチャンスよたぁぽん、今回はしくじっちゃダメ。絶対に私にベッタリな子にするのよ…）

「あ、たぁぽん、子猫用のごはんとトイレ砂買ってきてー」
『ハァイ』

なぜあの時、素直に返事をしてしまったのか…ダンナにいかせなかったのか…。
これがすべての始まりであり、終わりだったのです。

帰ってきた時にはすでに子猫はダンナに心を許しつつありました。
1時間もたっていなかったハズなのに…どんな手口を…。
準備をしながら、不意に膝の上に乗る子猫に目をやると、自信に満ちあふれたダンナの顔まで目に入ってきました。

「な？」

『ええ…』

自分では隠していたつもりでも、悔しさがダンナに伝わっていたと思います。

しばらくすると、子猫も少し落ち着いてきたのか、辺りをうろつくようになりました。
壁沿いやワゴンの下、果ては家具の裏側など、隙間という隙間を探索。
それはさながらスキマモップのよう。
先輩猫2匹はというと、まったくの期待はずれ。
子猫をいさめることなく、今がチャンスとやりたい放題なので、本来の作業であるごはんとトイレの支度が遅々として進みません。

準備が終わった頃には、大きなホコリを身にまとった子猫が、ダンナの膝の上で寝息を立てていました。
目が合う。

「明日、掃除…な」
『はい』

声が少し震えていたかも。

そんなある日。

私は子猫を布団の中に連れこむことに成功した。

寒い季節の布団…桃源郷…絶対にあらがえない。
この機に乗じて、子猫の心を虜にしてみせる！

しかし私のもくろみとは裏腹に、子猫が遠のいてゆくのです。

私とダンナは同じ部屋で寝ています。
先輩猫たちは、各自お気に入りの猫用ベッド。
昔は体形的な理由で、私のほうがダンナより「暖かい人」でしたが、苦労した結果、今では逆転するまでになり、子猫はめでたくダンナの元へ。

なんのための苦労だったのか。
今になって悔やまれるばかりです。

なぜ、私に懐かないのか。
なぜ、ダンナに懐くのか。

幾度となく自問自答を繰り返し、ある一つの真実に辿り着きました。

…タイミング…。

そう、私は持ち前の「タイミングの悪さ」にジャマされていたのだと。
その「タイミング」も、子猫のそれではなく、あくまで自分のタイミングを最優先にしていたことを。

あぁ…そうか…そうよね…面倒な時に面倒なヤツが面倒なことしてきたら、そりゃ懐きゃしないよね。
あはは。

懐く、懐かないを勝負とするなら、結局ダンナには勝てませんでした。
やはり子猫は母親っぽい存在に懐いていくものなんですよね。
ちょっと素っ気ないように見えるのに、実は誰よりも自分のことを見ていてくれて、自分が遊んでいても問答無用で捕まえてきて、毛繕いをしてきたり羽交い絞め状態からのお昼寝を強要したりしてきても、実はいいタイミングだった、そんな感じの存在が好きなようです。

あとはやっぱり子猫なので、はっきりと「やってもいいこと」と「ダメなこと」の合図を送らないと、中途半端な注意では「この人よくわからない」と避けられる原因になるようです。
避けられたのは私なのですが、無意識に「嫌われたくない」と一歩引いてしまったのが敗因だったのかも。

ちなみに今現在の木通ちゃんと私の関係は、ダンナを奪い合うライバルになっているので「懐く懐かないの関係じゃねぇ…盗るか盗られるかの関係なんだ！」という感じです。
あ、一応私にベッタリくっつく子になりました！
ハグ噛みするけど。

＼ 第2章 ／

# 先住猫たちの日常。

UEKOMI NI SASATTEITA
KONEKO WO KAUKOTONI SHITA

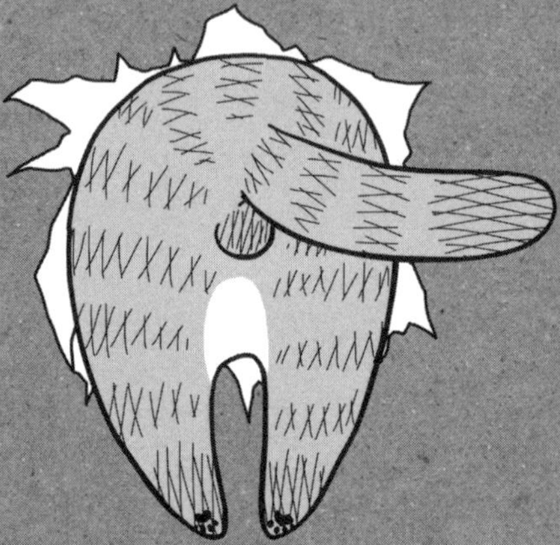

# CHAPTER TWO

※前作「くうねるニャンコ」参照

# がっちりハートキャッチ

# クールな君が好き

ん？
ささみ？
逆に茘枝は静かだよね…寝床から出てくるのは同じなのに
くれるならもらうよ
たべてあげてもいいんやでェ
ささみって本当にスゴイな
？
ダンナの言葉を理解したのは数日後
ビフォアー
くれるなら
カッ
ヨコセ！
アフタァ
無言
だけどはげしい
ヒイイ…
らいち
ふだん静かなにゃんコの心もがっちりつかんでます
らいち
お皿もって近付くのもこわい

# ようこそ　ささみ様

かなり寒い日
ああの服
にゃんコの部屋だ
とってこなきゃ
ガラリ
シュポポン
手ぶら
シュポポン
ま…まって！
まだ大丈夫!!
ス…

# 学習するにゃんコ

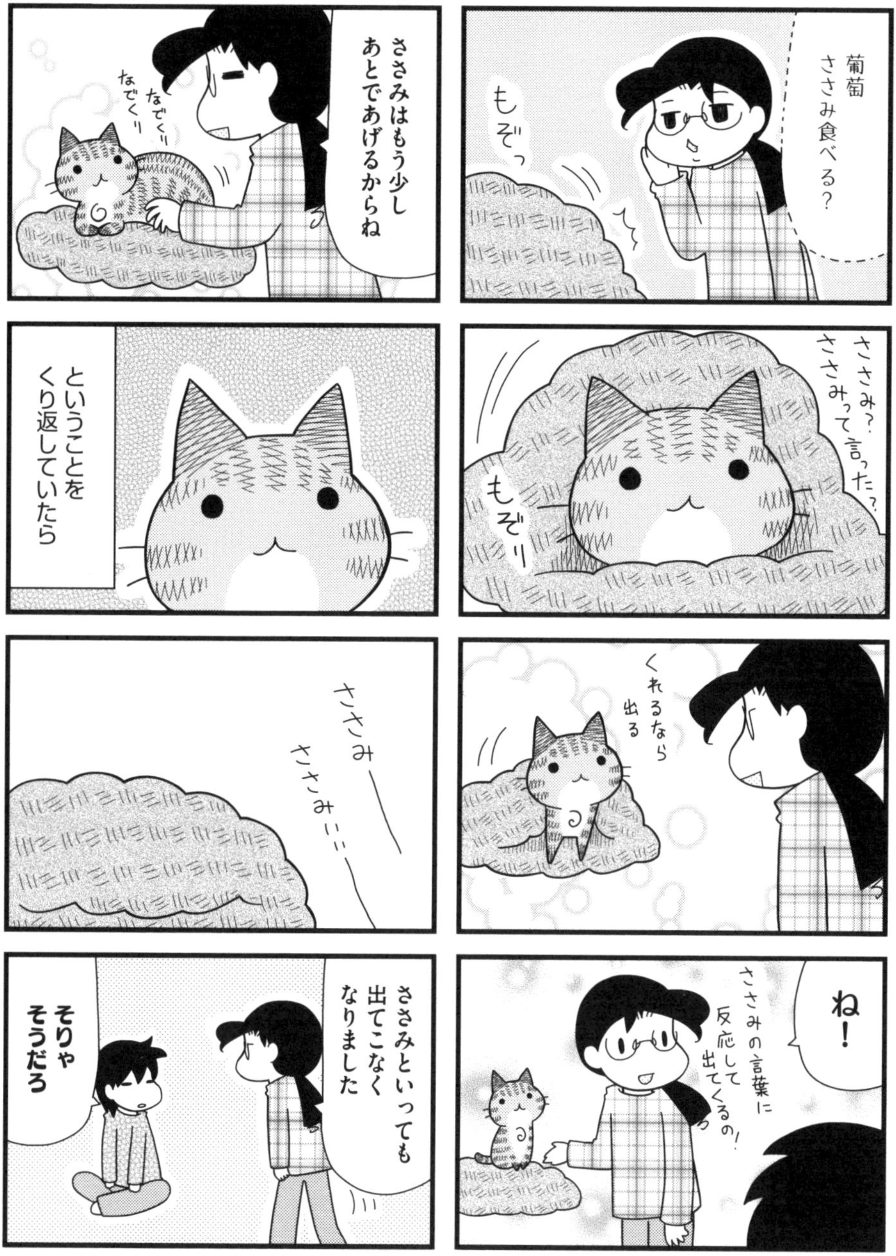
葡萄
ささみ食べる？
もぞっ
ささみ？
ささみって言った？
もぞり
くれるなら出る
ね！
ささみの言葉に反応して出てくるの！
ささみはもう少しあとであげるからね
なでくり
なでくり
ということをくり返していたら
ささみー
ささみーーー
ささみといっても出てこなくなりました
そりゃそうだろ

# 体に満ちる

仕方ない
タッパー
パコン
ささみの香り→
…そうだよね 音より においのほうが確実だもんね
ちなみに ささみを食べたあとは
ささみが体中にしみこんでいくぜ
3時間経過
スヤァ…
スヤ スヤァン
おるで
わが家ではこの状態を「ささみが回ってる」といっています
「酔いが回る」みたいなカンジで
おるで

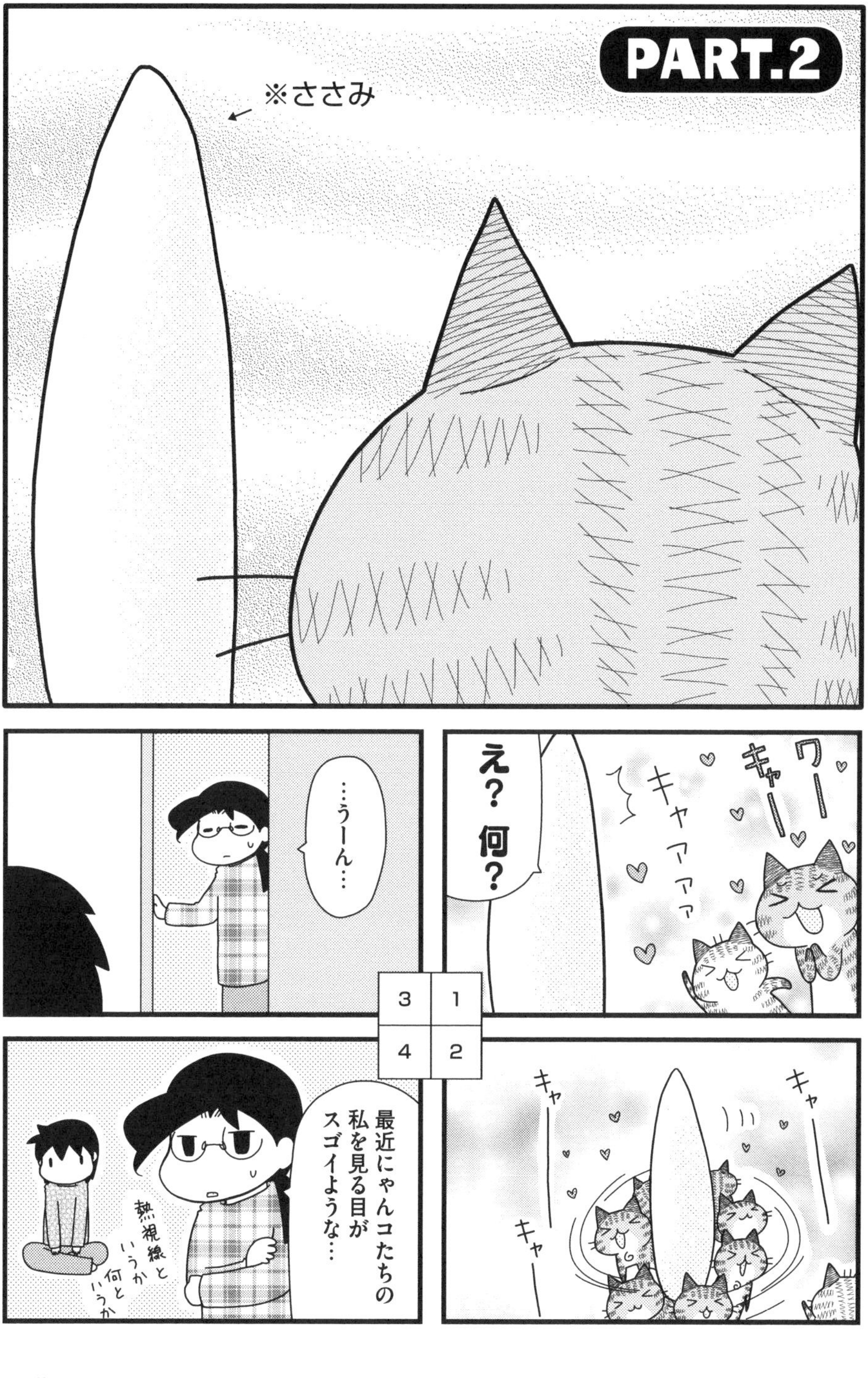
PART.2
※ささみ
ワー
キャー
キャアアァァ
え？何？
キャー
キャー
キャー
…うーん…
最近にゃんコたちの
私を見る目が
スゴイような…
熱視線というか
何というか

# ナゾの言葉

キャー
キャー
キャー
ほら
あ、おとーやん!
葡萄
葡萄 アレをよく見てごらん
あれ
おかあやんだった
な?ささみマンじゃないんだよ
ささ…何?

# 重要なポイント

※ささみは、かつおだしでゆでて与えています

# 味わい深く

ガツ
ガツ
ささみ!
ささみ!
がつ
ガキッ
ガッ
ガキン
ガッ
キン
ささみあげてるのって歯の負担を減らすのも理由だったような…
お皿にキバが当たる音
おもいきりダメージありそう
ガキン
うまかったでぇ
ゲフゥ
ささみをゆでただけなのに
おくちのお手入れ
あでもかつおだしがいい味出してますよ
…食べたの?
さっ
シンプルだけど飽きのこない味は大切なポイントです
つまみ食い?
いえ味見…おっとこれ以上は

# 小さいガオー

そして茘枝にも
ひとつの変化が…
あいでェ
茘枝が甘がみから
ゆっくり力を入れて
かんできた!
ちょっと深めにキバが入った
まぁオレって
エモノ系男子
だから仕方ないか
たべちゃいたいみたいな
そんな男子
聞いたことないです
今まで軽くかむ
程度だったのに…
かんだことを忘れてるぽい
あっ
もしかしたら…
ささみ…お肉を
食べたからかも
へ?
ほら 大型の肉食獣は
肉を与えすぎると
気性が荒くなるそうですし
なので人と暮らすクマはくだものや野菜がメイン
ガオー♡
クマさん
ということは…
クマと
同じ!
ガオー?

# 気分は追っかけ

PART.3

ァアワゴン
なに
の
?
ごめん
もう1回いって
よく聞こえなかった
ゴニャアアア

# かぶせてくる

葡萄が会話をジャマしてくるようになりました
私が声出し
オ゛ア゛ア゛ア゛ア
?
オレが声を出してもジャマされないけど
何で私の
オ゛ア゛ア゛ア゛ア
か
やっぱ
ア゛ー
ないと
なんひとだの!?
ア゛オ゛
も
ぶど言ってるオケじゃないのに
オ゛ア゛

# うるさい

そういえば おまえが出かけている 日は…
ごはん?
うん
とそれはもう 静かな空間だよ
そして
ただいまー
ピク
今日は電車が混んでてねーー
おかえり
特に大阪に近くなるとそれはもう
うるさぁあい
なるほど… 私が帰ってくるとにぎやかになるからか
ずっとハイテンションで会話してる
お前だけな
にぎやかとかまたポジティブな表現を

# 声の違い

わが家のにゃんコは
低い音が好き
とくにダンナの声と
話し方が好き
みたいです
ぶどう
ぶどうや
すやり
すやり
ダンナの声って
ずっと聞いてると
心地いいんですよね
そして
ねむくなります
お前だけな
そんなこと
はじめていわれたぞ
で逆に
私の声は
不評という
ブロン
ニャアアア
なんでかは
わからないけどな
ちょっと静かに
してみました
ひとりごとも
封印
ニャアーー!
スッ

# NGワードは

声を出してないのに怒られました
原因はなんなのか…
くさ…
くさいとか変なにおいとかはNGで
…なんだろうな
もしかしたら動きのほうかも
ちょっとそこを通ってみよう
こんな感じでいつもどおりに出入りしてみて
ス
スッ
ガタ
ガタガタ
なるほどそういうことか…
声だけじゃなくて存在もうるさい！
バババーン

# スキルの差

私の動きは基本的に雑だそうで
物にも当たりやすい
ガン
動くことでおきる風の流れも大きく物音も立ちやすいです
ガタガタ
ガン
うるさぁい
(音が)
だから物音を立てないように気をつけて動いたら？
ダンナは忍者スキルがあるから可能なんですよう
ブィブィ
そんなのムリですよう
なんだよ忍者スキルって
わが家のにゃんコは高い音が苦手
あと突然の音とか
キライなもの
テンションが高い
声が大きくて高い
動きが雑！物音立てすぎ
じゃあ静かでなめらかな動きをアピールしつつ…
こう？
くね
くね
くね
空気が読めるスキルもほしいです

わが家のにゃんコたちは
夜はケージで
寝てもらっています
らいち
ぶどう
PART.4

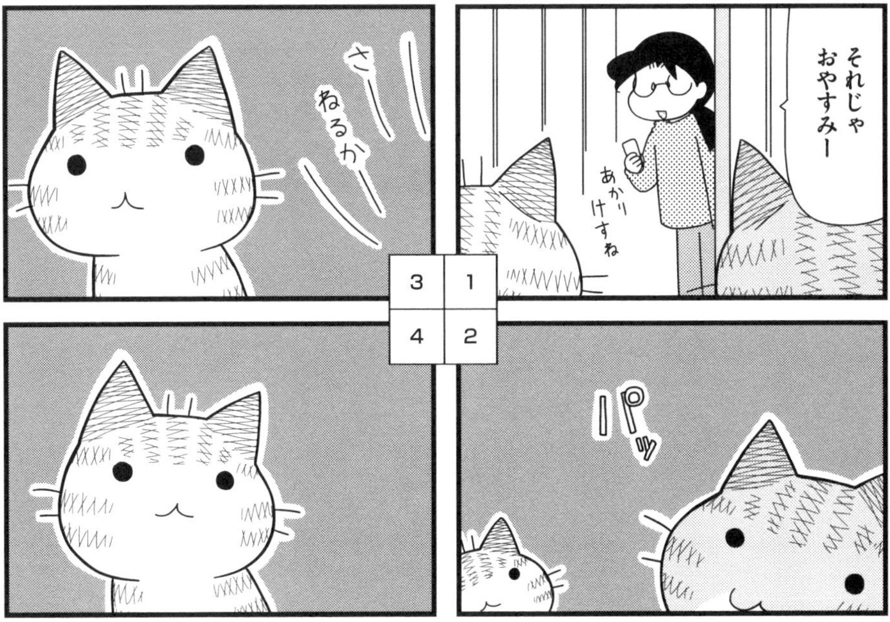
それじゃ
おやすみー
あかり
けすね
パッ
さー
ねるか

# 怒っちゃうの

ンギャアアアァ
ビクッ
何!?
今の声は葡萄…?
パッ
ギィー
すやすや
。
なんでそんなに機嫌悪いの?
ごはんも水もたくさんあるし…
おこ!
げきおこ!
へんなの

# 気づいてよかった

そして朝
おそうじ
よい子のアピールちっこポーズ
おしりを上げる
みなぎるやる気
…茘枝くん？
そのポーズはまさか
ハッ
あれ
おかあちゃん気付いた？
気づかなくてもやらないでね？
あ、いや
じゃあやめとこ
あぶないあぶない
もう少しで顔にアピールちっこが…

# とくにいらない記憶は

葡萄さん ちょっといい?
今 いそがしい
ちょっと確認させてね
がば
くんくんくん
くくん
キャー セクハラ
おとうやーん
てっきりアピールちっこでも かけられちゃったのかと…
ふわり
かけられていたのは葡萄のケージにある踏み台でした
はしっこのところ
まぁ ケージは少し離れてるからね
ちょ… ちょー
ズバァァァ
HIT!
いや そうじゃない なんでこんなことするの
ケージ本体にかかったらさびるし!
にゃんコはすぐ注意しないとたいていのことは忘れてしまいます
?
なんのはなし?

# 直球アタック

にゃんコのアピールちっこは掲示板にメッセージを残す感じで使うようです
← 何ヵ所か作ってある
自分の存在を女のコにアピールしてみたり…
あら
女のコ
上書きされないのがさらに好印象?
男のコ同士の強さのアピールにも使われてるとか
ほう…
オレと勝負しようってのか?
……
しかしこの場合は…
※イメージ
ガチャ
スッパー
自己紹介の手紙
パタン
? ? ? ? ? ?
…という…
超積極的かつ無意味なアピールだよね

# 直接いえない話題？

私にもアピールちっこをかけようとするのはともかくとして
しっぽでフタ
移動する掲示板とか思ってる？
ケージから出ているにゃんコたちが勝負するのかというと…
ズバアァァ
そしてアピール
いや今直接会話したらいいんじゃないの？
そして夜
ニギュワァァァ
またやってる
このまわりくどい茘枝のアピールはなんなのでしょうか

PART.5
ダンナが育てた猫草が立派に育ってきました
くでー
くでェー
私の時はすぐ枯れたのに…
オレは天候の神たちに手伝ってもらったから
おみずでーす
ひかりー
ちっちゃいこねこみたいなの
神さま
何それ怖い
あとはセンス
さて…このまま猫草を置くと確実にケンカするので
スッ
同時に食べられるようにフスマあけてー
ハイ
うおおおおおぉ
バーン
バーン
ドバババン

# 性格の違い

あけますねー
ドババババババン
ババン
バン
バーン
おー
なんかすごい音が…
うおぉ　おぉぉ
バーーーン
がば
かみかみ
はしっこからたべてる
まんべんなくかじる
ズボ
がっがっ
がっがっ
ど真ん中
がっがっ
…性格が出るなぁ

# 大物だよ

※猫草は基本的に消化されません。

# ほとんど寝てたから？

よかった！トイレでもちゃんと出てた！
ちなみにちゃんと出なかった場合
おしりから草が出る
きもちわるくておしりを床に
こすりつける
うんにょライン
あとは茘枝だね
6時間経過
12時間経過
すやん
1日経過
すやーん
おはよー
結局茘枝がクチから猫草を出すことはありませんでした

# にゃんコの中の宇宙

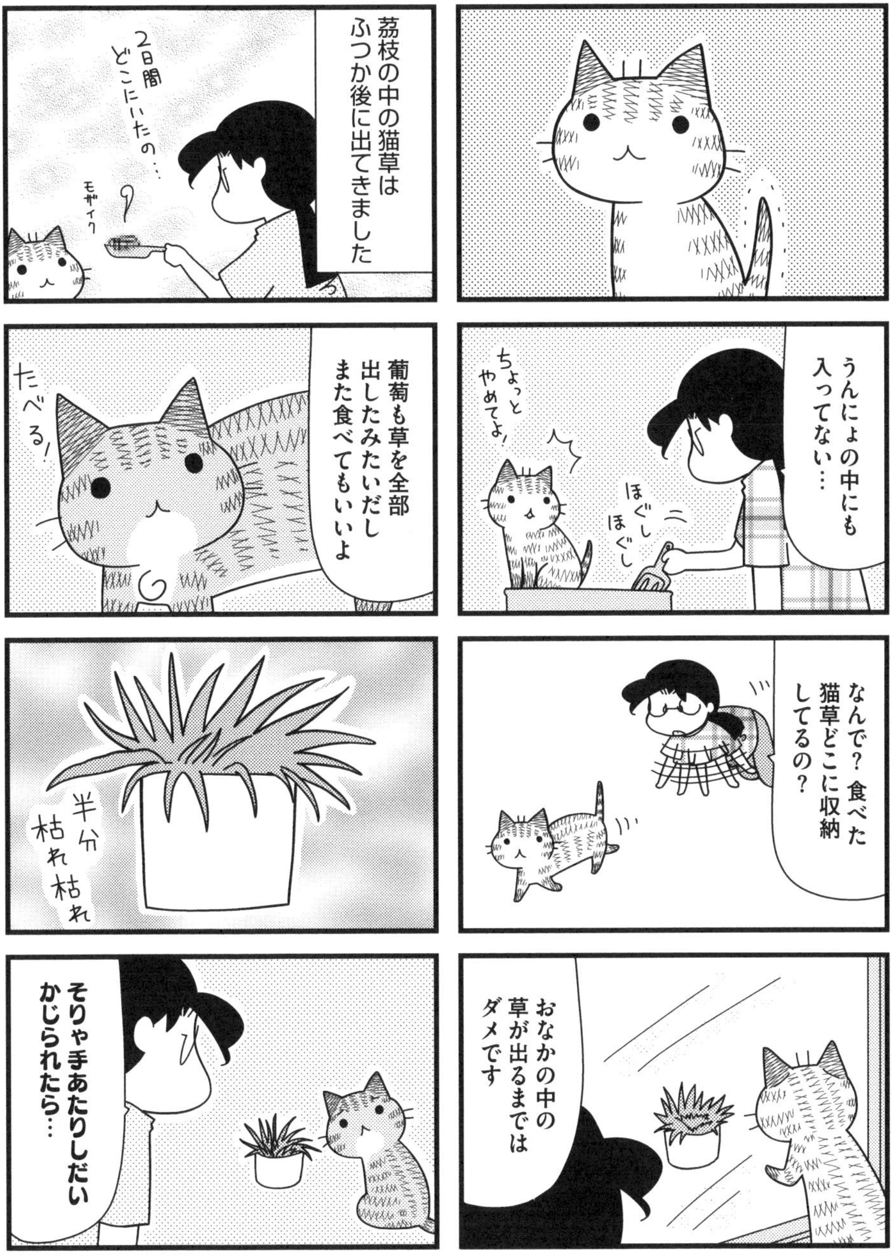
うんにょの中にも入ってない…
ちょっとやめてよ！
ほぐしほぐし
なんで？食べた猫草どこに収納してるの？
おなかの中の草が出るまではダメです
茘枝の中の猫草はふつか後に出てきました
2日間どこにいたの…
モザイク
葡萄も草を全部出したみたいだしまた食べてもいいよ
たべる！
半分枯れ枯れ
そりゃ手あたりしだいかじられたら…

# はき出せるかはべつとして

まだ育ってる猫草があるからまっててほしいんだってさ
豆苗がねらわれてる!
豆苗↓
ダンナ猫草もってきてー
じーー
あと君たち豆苗《とうみょう》食べないからダメ!
前あげたのに食べなかった!
ス・・・
なんかそんな気分になれないっていうかー
何その理由
あしたからがんばるう
そして今は小松菜《こまつな》をガン見中です
じーー
もう葉っぱならなんでもいいのでしょうか

PART.6
おわ～
おわあんんん
なぜだ…
なぜオレが横になるとやってくるんだろう
そしてなんでオレの顔にくっつくのか
3 1 4 2

# ふたつがそろえば

ちょっと
お昼寝
1時間
寝る…
なんで?
茘枝は条件がふたつそろうと反応します
無反応
①横になる
反応
あー
ピク
②声を出す
姿が見えなくても反応するんだよな
らいちの場所よりも↓低い
ねてる!
聞こえてくる声の方向で判断してるのかも

# そしてイントロクイズ並み

# ブラシつきベッド

茘枝が人に乗るのは子供の頃に覚えたからだと思うのですが
キイイィ
この頃は仕事が忙しくてほとんど家にいなかった
子供の頃のらいち
大きくなった今はダンナの上にばかり乗りたがります
キイイィ
重いけどな
むにゅう
茘枝は甘えんぼさんだねぇ
ぐりぐり
ヒゲ
シャシャシャ
あ！なんとなくわかった気がする
ハッ
うん
たぶんオレと同じこと考えてる

# それが原因な

# にゃんこ召喚士

そんなわけで茘枝は毎回ダンナにくっついていますが
葡萄もダンナにくっつくことが多いです
カー
すっかり夏の気温になりましたね
重い…そして暑い…
さらにくすぐったい
もうムリ！自分たちの寝床でお昼寝しなさい！
ぱっ
フゥ…
さてこれでゆっくり寝…
ダンナ限定の茘枝召喚の魔法です

PART.7
やっぱりにゃんコって エノコロ草《ぐさ》好きだよね
はっぱ全部たべてる
ちなみに先のほうは食べないそうです
ココ
へー
だから…あれ？葡萄さん？

# それぞれの楽しみ方

食べた穂先や葉っぱはお尻から出ていきました
見せられないのでかわりに葡萄のくつろぎポーズを
まぁ植物にとっては『肥料』でコーティングされて助かっちゃうのかも
なんで口から毛玉といっしょに出さないのかはともかく
食事中だぞ
らいち
茘枝は先の部分を食べないタイプでした
というかそれがふつう？
ス…
…何してるの？

# そんな気分

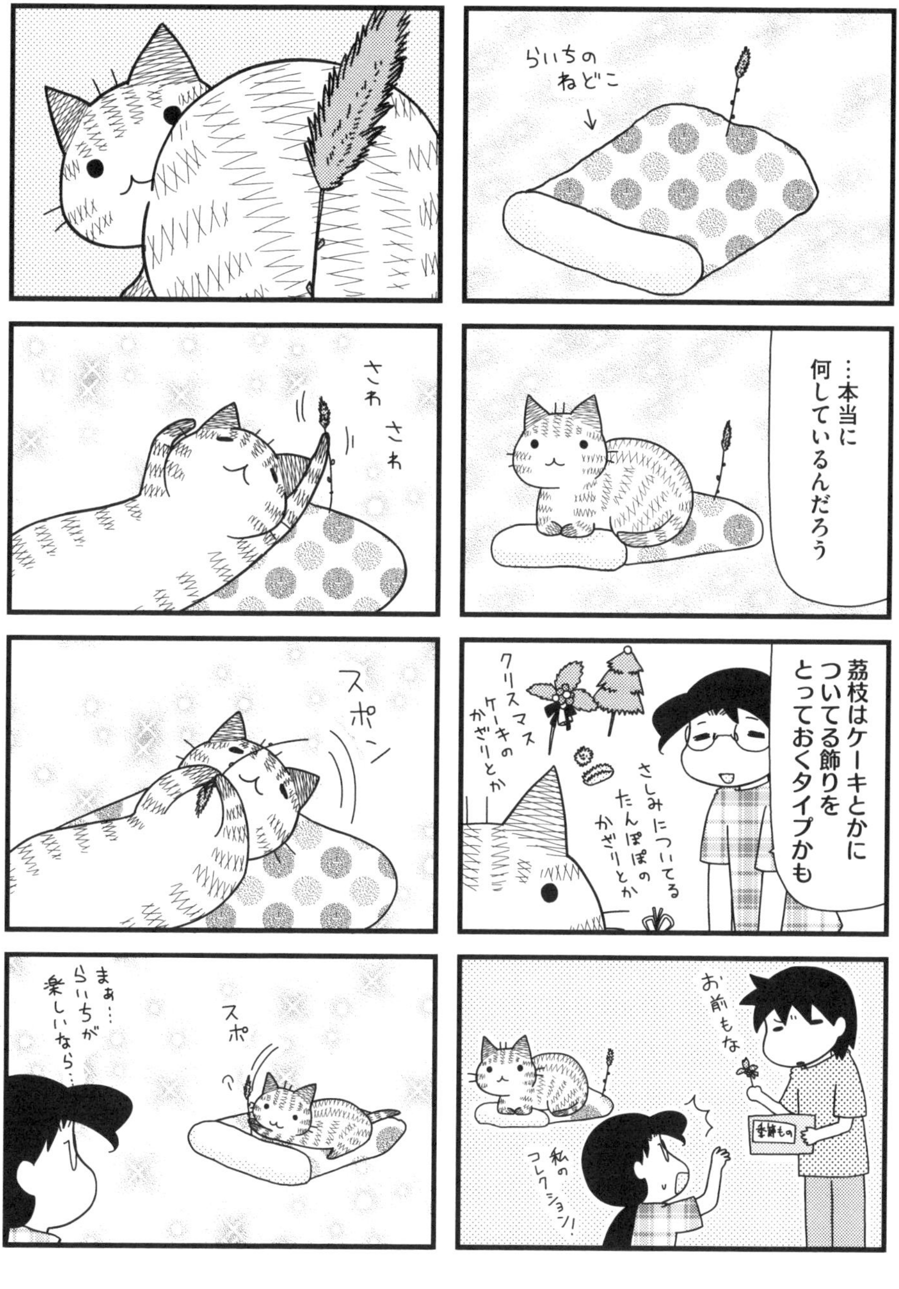
さわ さわ
スポン
スポ
まぁ…らいちが楽しいなら…
らいちのねどこ
…本当に何しているんだろう
茘枝はケーキとかについてる飾りをとっておくタイプかも
クリスマスケーキのかざりとか
さしみについてるたんぽぽのかざりとか
お前もな
私のコレクション!
季節もの

# 指がドキドキしてる

エノコロ草は買い物の
ついでに取りにいって
ましたが…
今日見たら全部刈られてました
スパーっと
雑草あつかいだし
それは仕方ないだろうな
一応残ってた雑草のタネを育てておいた
一部たべごろ
ダンナさすが!
わかってるぅ!
ガタ
ハッ
はい 今日はこの猫草を…
怖い!
ハ
シャシャシャ
シャ
シャ
手じゃなくてクチからむかえにきて!
ム…わかった
カッ
カッ
カッ
クチからむかえにきても怖い
じゃあどうしろと

# 新商品 まってます

たべた!
あとは数時間後に毛玉といっしょに出すだけだね!
上からでも下からでも
そう思っていたのですが
数日たっても猫草が出てこないよ
前のらいちの記録もびっくり
消化?
家で育てる猫草はやわらかすぎるとか?
あまりおなかを刺激しない
またもらった
うーん
いつでも食べられてちょうどいい硬さの猫草がほしいなぁ
理想は1年中
たべた!
猫草や食べられる材料で薄い紙のような食べ物を作れないだろうか
長期保存もできて
食べるときに猫草のように細く切る
作れない…でしょうか
どこみて言ってるんだろう

# 増やせたらいいのに

荔枝とエノコロ草の穂先は まだいっしょにいます
パラ パラ…
ガー
あれ？ これってタネじゃないの
プスン
？
なぜ ずっとそばに置いているのかはナゾのままですが
ハシャ シャ シャ シャ
一緒にいると いろいろ楽しそうです
なるほど 釣り…

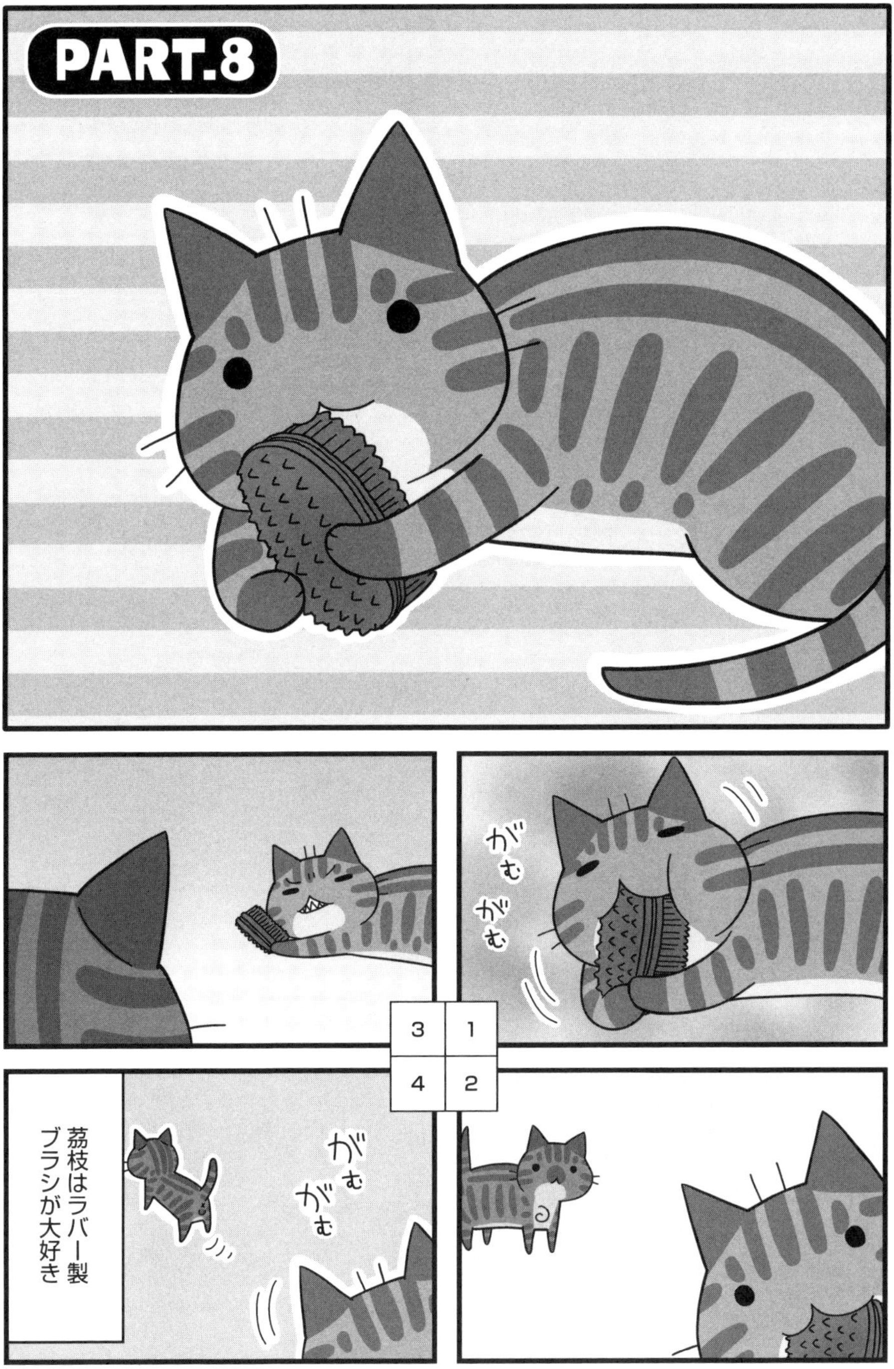
PART.8
がむ
がむ
3
1
4
2
がむ
がむ
茘枝はラバー製ブラシが大好き

# ひっくり返したい

ラバーブラシは
にゃんコの抜け毛を
やさしく取るアイテム
お肌にやさしい
長いほう
みじかいほう
すか
すか
短くてかめない
……をかじるのが
楽しいみたいです
かみ
かみ
ながいほう
かみたい
かみたい
かじるなら
短いほうだけに
しておいてね
あっ
くるり
長い方は
かんで
ほしくないの
ムキー！
ラバーブラシって
重いからなぁ…
ひっくりかえせない

# 毛布が目印

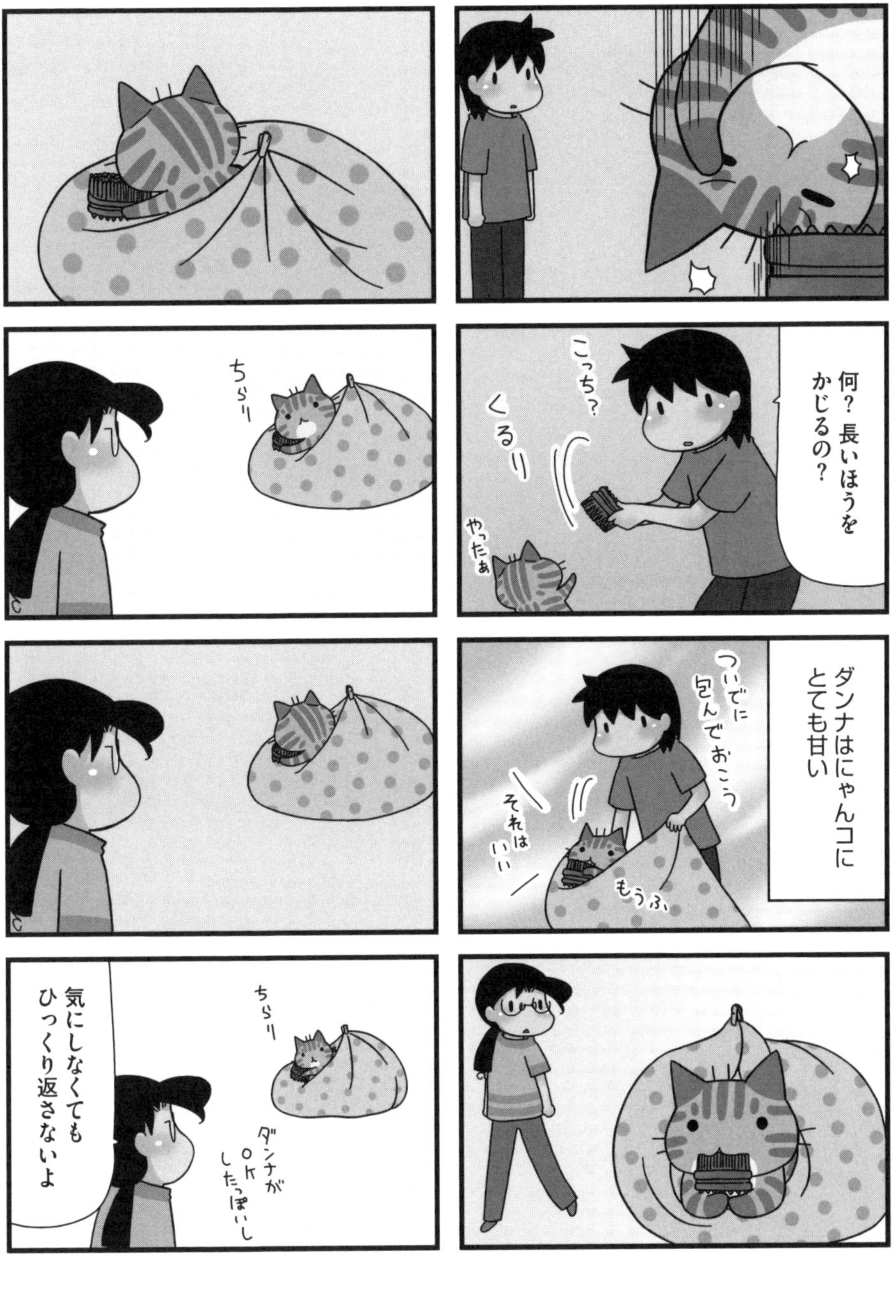
何？長いほうを
かじるの？
こっち？
くるり
やったぁ
ダンナはにゃんコに
とても甘い
ついでに包んでおこう
それはいい
もうふ
ちらり
気にしなくても
ひっくり返さないよ
ちらり
ダンナがOKしたっぽいし

# 認めたくない

そんな茘枝ですが最近顔の輪郭がまた変わりました
たしか過去にもあったような
※らいち
ねんどで作った人形みたい
あたまとからだを別々につくると
くっつけたらバランスがわるかったりする
いいたいことはなんとなくわかった
毛じゃなかった…
たしか過去にもやってたよな
毎回毎回あきらめが悪いというか…

# トレジャーハンターの道

# 自分しかいない

ブラシがブラシの仕事をさせてもらえない件について
もうひとつラバーブラシを買うとか
いまのはらいちにあげちゃって
新しいブラシも茘枝のコレクションになりそうな予感
茘枝だってずっとブラシと一緒ということはないし
ずっといっしょのイメージ
こんなカンジで
茘枝が離れてる時にブラシを使おうかな
今はかりないよ
ちらり
と思っていたのですが…
おはようブラシィィン
朝
ここでおひるねしましょうねー
昼
すやぁ…
夜
夜は使いたい放題ということがわかりましたが肝心の相手がいませんでした
すやー

COLUMN 2

# 「先住猫たちと子猫の関係」

生まれて2カ月くらいの茘枝《らいち》がウチにきた時は、葡萄《ぶどう》は7歳くらい。人間の年齢に換算するとその差44歳。兄弟というより養子と養父の関係といったほうがよさそうだけど…。
…うん、兄弟のほうがかわいい。
突然弟ができたと告げられて、葡萄はマジでビビったでしょうが。

44歳のお兄さんは、弟に毛繕いをしたり一緒に遊んだり、よく面倒を見てくれました。
顔を引っ張って「おもちおもち」とはしゃぐのも、最初は許してたと思う。

ただ、何事もやりすぎはダメ。
ほどほどが一番。

という私の思いが届くわけもなく、「おもちおもち」をやりすぎてしまった茘枝は、葡萄にあまり構ってもらえなくなるのでした。
頭の中に浮かぶ自業自得の文字。
でも仕方ない、子猫ってそういうものだよね。

2016年の秋頃には木通《あけび》ちゃんがやってきました。葡萄は17歳、茘枝は10歳。
人間だと84歳と56歳か。もう兄弟とかのレベルじゃない。

思った通り84歳は56歳に丸投げする気のようで、子猫と簡単なあいさつを済ませたあと、平然と日課に戻っていきます。

ここは茘枝に期待したいところ。
初老を優にすぎた年齢とはいえ、いまだに子供っぽさが残る茘枝なら、兄弟としてやっていけるかもしれない。
葡萄にしてもらったことを子猫にしてあげて、葡萄にしてたことを子猫にされるだけだから。
因果応報っていうしね。

茘枝はあまり面倒見がいいタイプではなかったようで、葡萄と同じく見守る方向に進んでいきました。
ただ、果たしてその望みはかなうのでしょうか。放たれたスーパーボールみたいな存在なのに。
この時私は、年の差の猫の付き合いには限界がある事を知ったのでした。

ウチの猫だけなのかも知れませんが、年の差が大きいと「自分たちの行動をジャマしないのなら、まぁ放っておこうかな」みたいな感じで、ほとんど関わらない気がします。
きっと、子猫の活発さ、激しさについていけないからだと思うのです。
ましてや、今回の子猫は歴代の猫たちをはるかにしのぐ、まるで竜巻のような存在ですから。

ちなみに突発的に発生する竜巻は、大抵トイレ（主に大のほう）をすると消滅します。
う〇こってなんなのでしょうか。

公園ではしゃぐ子供を、ベンチに座ってほほ笑ましく見守るおじいちゃんのような先輩たち。
度がすぎるイタズラは「なんかやってるよー」と教えてくれたので、ちゃんと見守ってくれてはいたようです。

しかしそのついでなのか先輩たちは、子猫用のトイレで用を足し、ごはんをつまみ食いしたりとやりたい放題でした。
見ていた子猫が「そこはトイレ」「それはごはん」と学んでいったので、きっとあれは先輩たちなりの「技は見て覚えるもの」だったのかも。
それにしても新しく作った子猫用の簡易トイレを使いこなす先輩、さすがは年の功。
17年という長い月日を生きてきたのはダテじゃない。

結局、子猫をしつけるのはダンナの担当となりました。

そして現在、1歳の大人になった元子猫。大人といっても人間でいえば17歳、まだまだやんちゃ盛りです。
体が大きくなった分、スーパーボールと化した時の威力は子猫の時とは比べ物にならず。
ダンナもそのスピードに翻弄され、今まで傍観を決め込んでいた茘枝も、ようやく重すぎる腰を上げてくれました。
年の差がとかいってられないという気持ちになったのはうれしいことだけど、遅くない？

＼ 第3章 ／

# 新しい日常。

UEKOMI NI SASATTEITA
KONEKO WO KAUKOTONI SHITA

# CHAPTER THREE

16歳じゃ
なかったんじゃよ
ぶどう
PART.1
3 1
4 2
ス…
診察券
初診日
11年 8月23日
おなまえ ぶどう♂3カ月
新 動物病
葡萄は17歳だったのです
昔の荷物整理したら出てきた
ちょ…

# 愛情よりかまぼこ

ちなみにコレは
サザエさん現象と
いうらしいのですが
パカーン
年をとらないという
アレ
どのあたりで
それが起こったのやら…‼
フシギ
フシギ
………
そして！
5月で
18歳になりまぁす
人間でいうと
88歳くらい！
毎日日記描いてて
気づかなかったのも
スゴイよな
硬いカリカリ
ごはんが苦手に
なったようなので
あまりかまずに
のみこめるカリカリに
かえました
やわらかいごはんも
手作りしてます
主に
とり肉や
魚
でも葡萄のイチオシは
ささかまぼこ
ぼこー
ぼこは
いらんかねー
キャー！
キャー！
なんだろう
このさみしさ

# 受け取るほうも困る

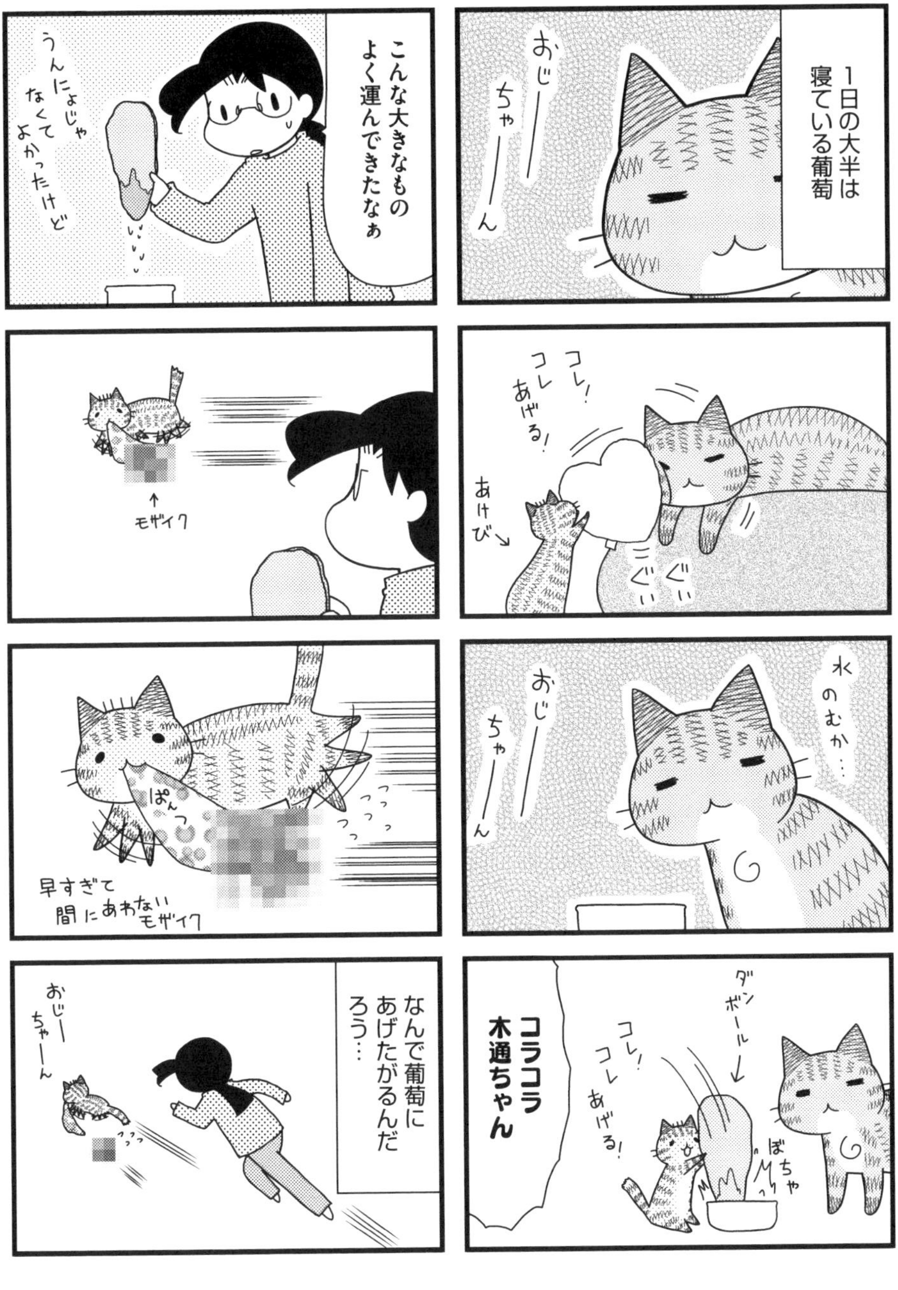
1日の大半は寝ている葡萄
おじーちゃーーん
コレ! コレ あげる!
あけび→
ぐい ぐい
水のむか…
おじーちゃーーん
コラコラ木通ちゃん
ダンボール
コレ! コレ あげる!
ぼちゃ
こんな大きなものよく運んできたなぁ
うんにょじゃなくてよかったけど
↑モザイク
ぱんっ
早すぎて間にあわないモザイク
なんで葡萄にあげたがるんだろう…
おじーちゃーん

# 見せたくないもの

葡萄がダンナの作った踏み台を使うようになったのですが
とん
もう1匹踏み台を使うコがふえました
ガリ ガリ ガリ ガリ ガリ
ガリ ガリ ゴリ ゴリン
ガリ ゴリ ガリリリ ボリン
ガリリリ…
…木通ちゃん何してるの？
ハッ
何!?
バ バ バ バ バ バ バ バ

# 本当の理由はわからない

# 不思議ちゃん

踏み台ドッキリはうまくいきませんでしたが
木クズトッピング
ざんねん
まだかじってる
がりがり
ちょっと大きな木クズ
べつのドッキリ作戦は成功していました
木クズ
水入れ
木通のやんちゃは止まらないなぁ
ハイあたらしいお水
も一
まぁ子供だし…
ぺっ
いただきます
木クズトッピング
自分《あけび》のごはん
これは…違う…ドッキリなんかじゃない…！
シュバッ
木通ちゃんの心の中が知りたい
切実

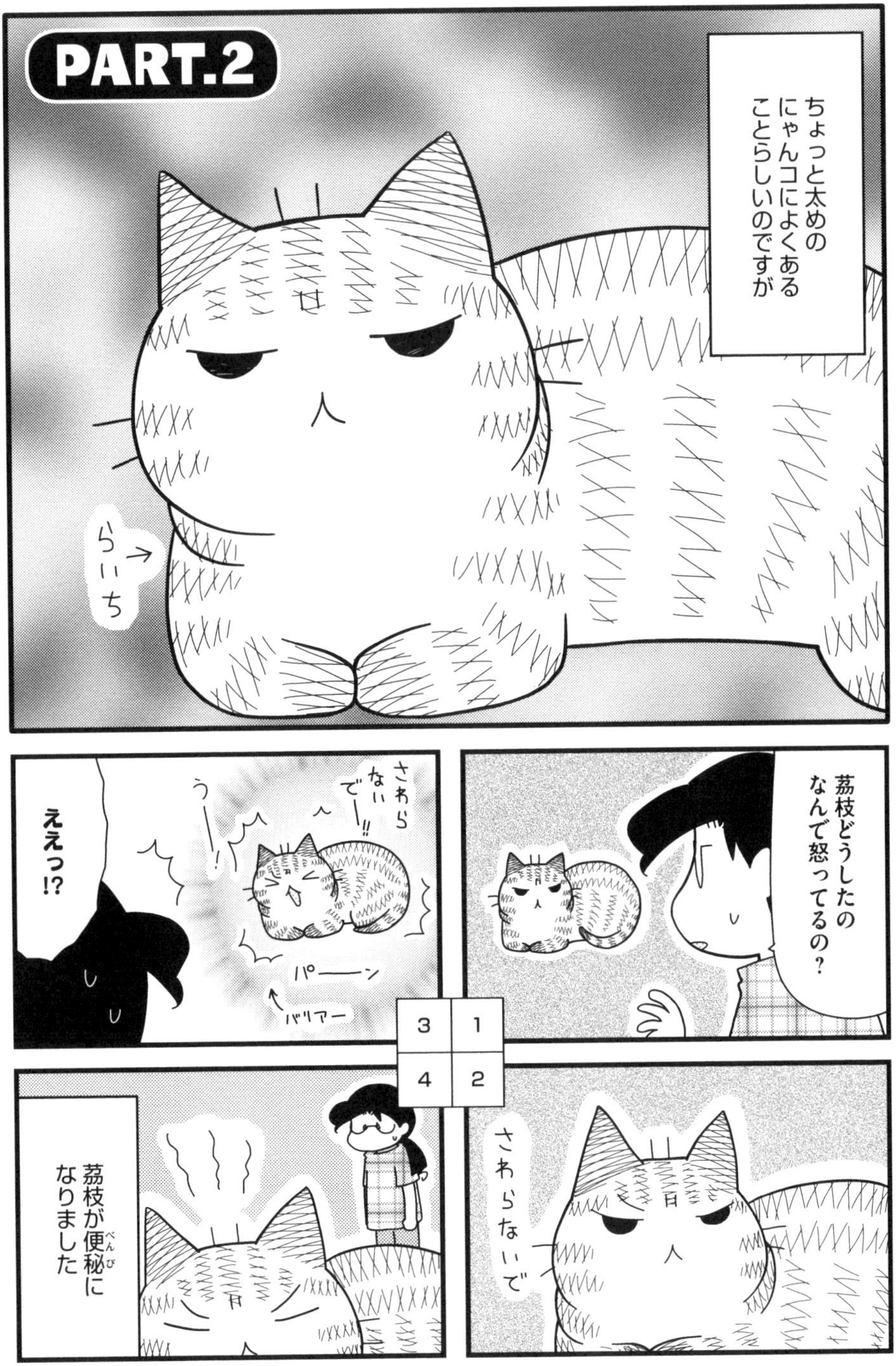
PART.2
ちょっと太めのにゃんコによくあることらしいのですが
らいち→
茘枝どうしたのなんで怒ってるの？
さわらないで
さわらないでー!!
う――!
パーーン
バリアー
ええっ!?
茘枝が便秘《べんぴ》になりました
3
1
4
2

# 強固なバリアー

おなか
くるしい…
ちょっとおなかを
マッサージしよ…
や!!
パーン
甘えんぼの茘枝が
あんなに怒るとは
かなり
つらいのかも
おなかが痛い時って
ダークサイドに
堕《お》ちそうになるしな
特急とか
終電の時
とか
超ヤバイ
やっぱり
マッサージを…
シッ
シッ
ムリか
せめて水を
のんで…
プイッ
便秘がつらい時は
そんな気分に
なれないのかも
人だって
そうだし
そうか…
じゃあおやつも
ムリで…
それは
もらう

# いろいろためして

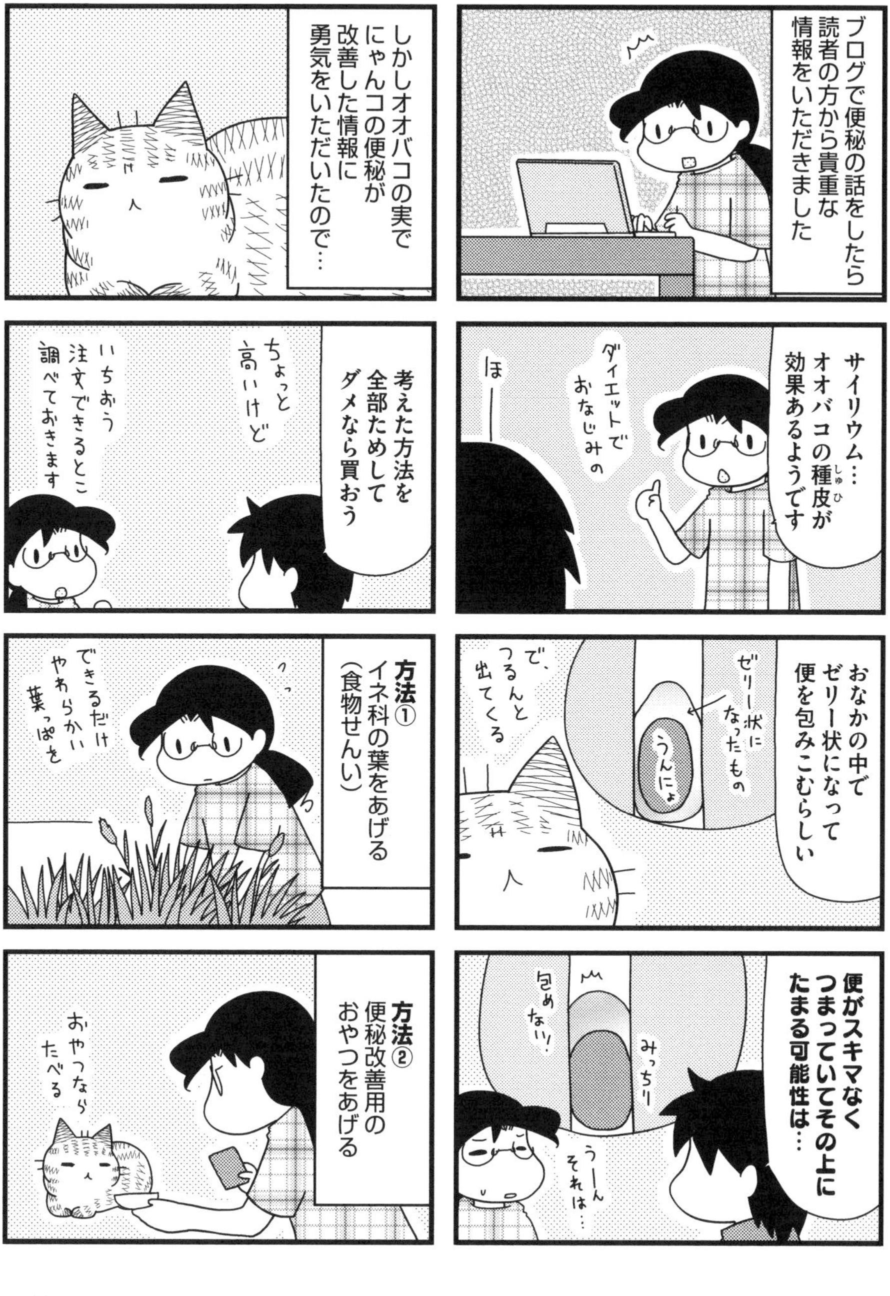

ブログで便秘の話をしたら
読者の方から貴重な
情報をいただきました
サイリウム…
オオバコの種皮《しゅひ》が
効果あるようです
ダイエットでおなじみの
ほー
おなかの中で
ゼリー状になって
便を包みこむらしい
ゼリー状になったもの
うんにょ
で、つるんと出てくる
便がスキマなく
つまっていてその上に
たまる可能性は…
包めない!
みっちり
うーん それは…
しかしオオバコの実で
にゃんコの便秘が
改善した情報に
勇気をいただいたので…
考えた方法を
全部ためして
ダメなら買おう
ちょっと高いけど
いちおう注文できるとこ調べておきます
方法①
イネ科の葉をあげる
(食物せんい)
できるだけやわらかい葉っぱを
方法②
便秘改善用の
おやつをあげる
おやつならたべる

# 視線から守る

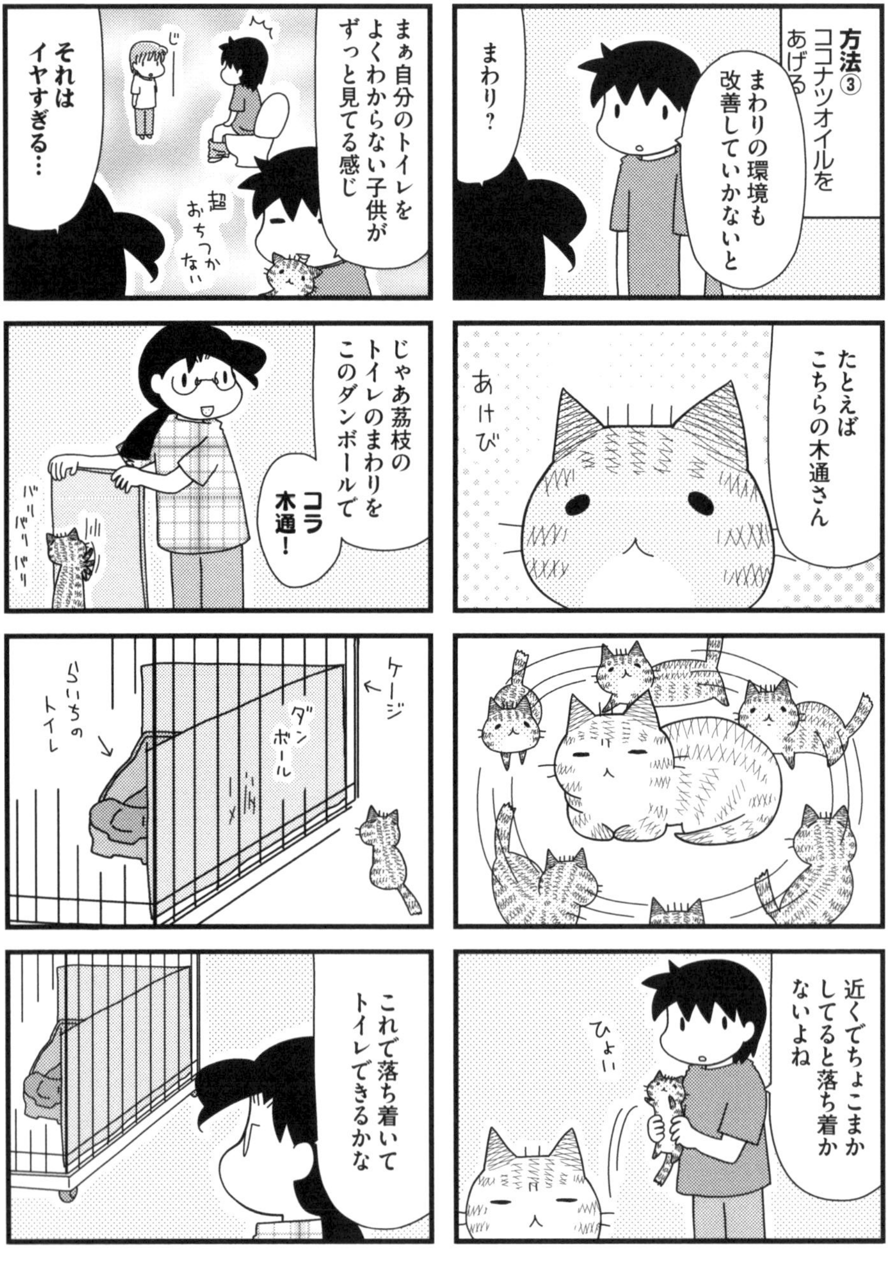
方法③
ココナツオイルをあげる
まわりの環境も改善していかないと
まわり？
たとえばこちらの木通さん
あけび
近くでちょこまかしてると落ち着かないよね
ひょい
まぁ自分のトイレをよくわからない子供がずっと見てる感じ
じー
超おちつかない
それはイヤすぎる…
じゃあ茘枝のトイレのまわりをこのダンボールで
コラ木通！
バリバリバリ
ケージ
ダンボール
らいちのトイレ
これで落ち着いてトイレできるかな

# プライバシー

# けっこうバレない

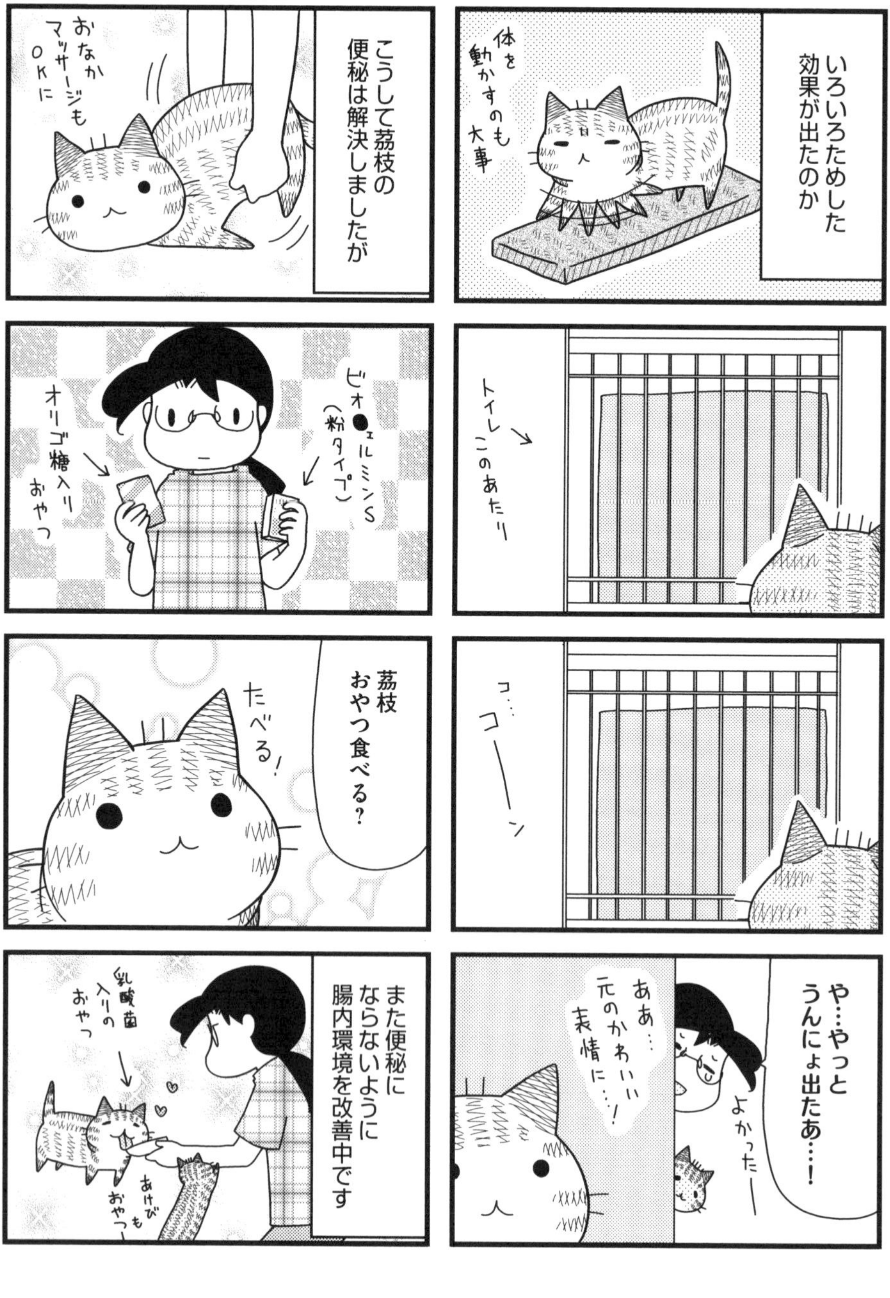
いろいろためした効果が出たのか
体を動かすのも大事
トイレこのあたり
コ…
コーーン
や…やっとうんにょ出たあ…!
ああ…元のかわいい表情に…!
よかったー
こうして茘枝の便秘は解決しましたが
おなかマッサージもOKに
ビオ●ェルミンS(粉タイプ)
オリゴ糖入りおやつ
茘枝おやつ食べる?
たべる!
また便秘にならないように腸内環境を改善中です
乳酸菌入りのおやつ
あけびもおやつー

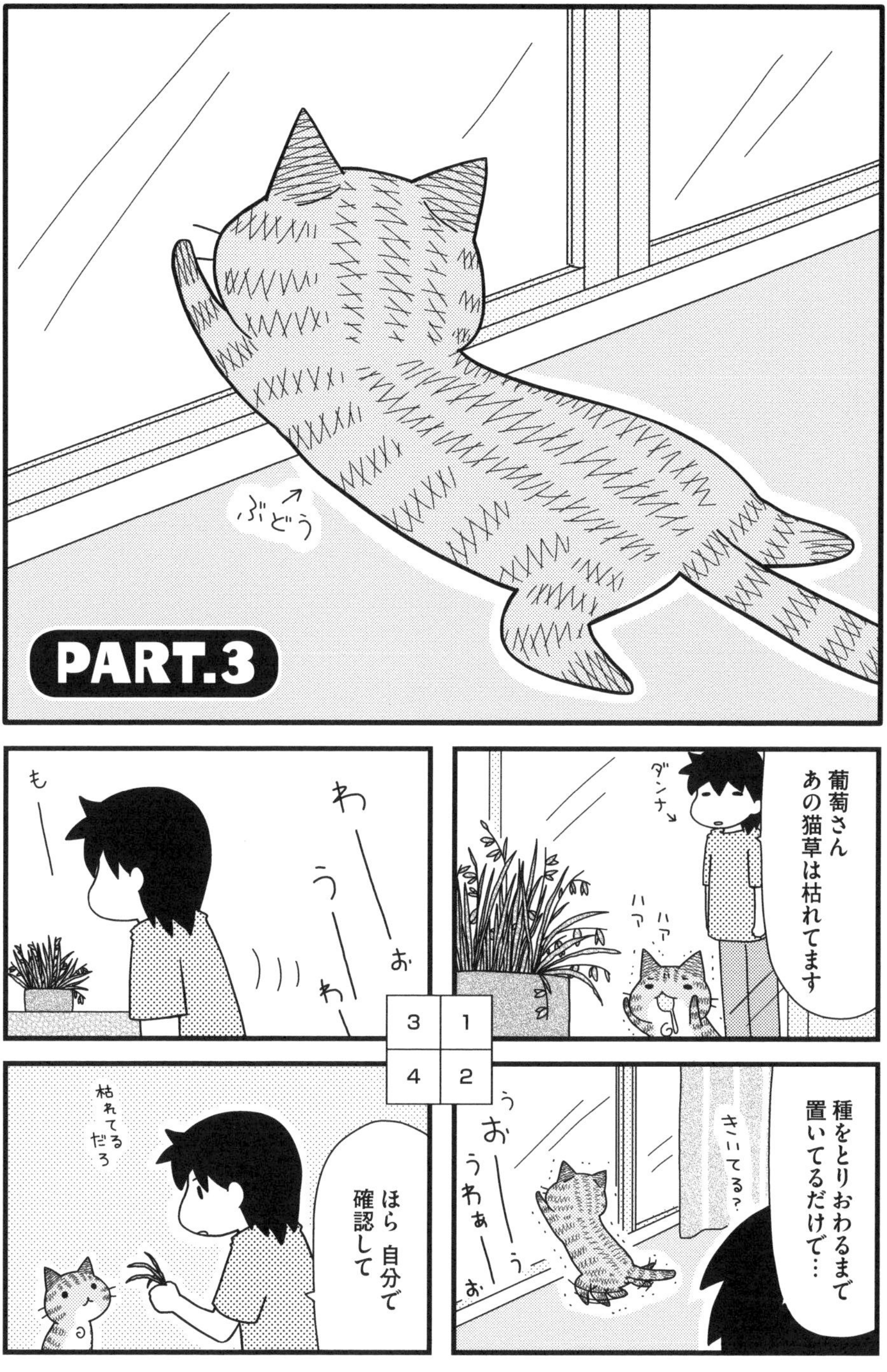
ぶどう
PART.3
ダンナ
葡萄さん
あの猫草は枯れてます
ハァ ハァ
種をとりおわるまで
置いてるだけで…
きいてる?
うおうわぁーうおー
もー
わーうーおわ
ほら 自分で
確認して
枯れてるだろ

# 満足な味わい

え
シャシャシャ
どこから食べようの舞
……
もしゃもしゃ
もしゃもしゃ
いただきます
…新鮮な草より喜んでる…？
もしゃもしゃ
すやぁ
なにこの満たされた感
…まぁいいか
今のうちに収穫できる種はとっておくかな

# サクサクの歯応え

枯れ草って食べても大丈夫なの?
君はアレかな?うさぎさんとかうしさんディスってるの?
はっ!スイマセン!
調べてみると新鮮な草はビタミンや食物せんいが豊富ですが
にゃんコ用のサラダとか生野菜とかいわれてます
枯れてくることで納豆でおなじみの枯草菌《こそうきん》ができるそうです
ビタミンも変化するらしい
で、ぶどうはそっちがいいと
ちま ちま
とれる
あっ
ねてたハズでは!?
ば
葡萄それ草じゃない!
茎《くき》や!
もしゃ もしゃ
ケポォォォ
3秒

# 食べ頃というもの

ということは
今まで…
枯れかけ↓
そろそろ食べ頃かなー
あ
枯れてきたから肥料にしよう
ということ…?
あれ でも私が育てそして枯らした草は食べないよ?
しなっ
菌もついてないだろうし
育ててる途中で枯れた草は栄養少ないんじゃ?
葡萄が食べたいのは育ちきって枯れたいい猫草だと思う
枯れてるけど栄養いっぱい
しかし猫草を上手《じょうず》に枯らすのは逆に難しいんだよな
かじられた草が痛んでそのまま枯れる↓
根づまりで枯れる↓
失敗例
というわけで枯れ草は貴重なので大切に食べ…
ワシャシャ シャ シャ
聞いてる?
いただきます

# おいしそうな音

ぶどう
枯れ草はいい音がするなぁ
サク
サク
サク
あけびもほしい!
木通ちゃんにはまだ猫草は早いからおやつをあげるね
ハァイ
らいち
らいちは新鮮なのが好みなのね
シャク
シャク

# 2重のおやつ

枯草菌と食物せんい…
それぞれ必要な栄養で
腸内環境を改善して
お兄ちゃんたちの
お通じはかなり
よくなってます
うんにょ
でたよォ
しかしなぜ
ごはん時を
ねらって
するのか
茘枝がちょっと
細くなってる
毎日
うんにょ
出てるしねー
おやつをあげてる時に
何か違うと思って
いたんだよね…
あけび
そろそろ現実を
直視しようと
思います

PART.4
成長期の木通ちゃんは
毎日元気いっぱいです
ぶどう
シャシャシャ
シャッ
らいち
シャシャシャ
シャッ
そしてその元気《速さ》に
ついていけない
おっさんが2匹

# 猫じゃらし選手

まあ
どっちもいい年だし
おっさんというか
おじーちゃんだしな
しかたないよね
ねー
よし じゃあ
お父《とう》ちゃんと遊ぶか!
じーわ
じわじわ
じーー
おっさん追加
※あけびちゃん
いや…俺は
木通ちゃんが
つかれるくらい遊んだ!
はー
はー
そろそろ
ひとやすみしよう
これは片付けて…
木通ちゃんは
あれなの?
アスリート目指してるの?
まだ!
まだいける!

# いたの？

おじちゃん
あそんで！
どふん
つっ
…業《ごう》だよなあ
らいちが子供のころ
ぎゅー
にがさないー
がしっ
業ですよね
あれ そういえば
葡萄はどこに？
気配がなかった…！
すぐうしろにいた

# 世界とひとつに

# とりあえず

フ…
スー…
見てる目の前で空気になろうとしてる…？
かみかみ
かみかみ
ですよね
シュ
シュ
フウ…
かみかみ
パンチ届いてないし
葡萄さん解決してないのでは…

# やさしく見守る

木通ちゃんが近いと
空気作戦が
できないので…
じー
リン
コロロ…
おもちゃ
リンコロ
リンコロ
その時はターゲットを
変えさせるワザを
使っているようです
すぅ
すぅ
リンコロ
そういえば
お兄ちゃんたちって
木通ちゃんに甘いような
本気で
おこらない
子供に本気だす
大人はいないだろ
それに…
ほらアレ
アレは…
孫を見る目?
いつくしむ目
孫を見守る
おじいちゃんに
なってました

ちょっと！あけびちゃん①

あけびちゃんがまちがったベッドの使い方をしていた話の
現在は——
これってコタツや布団に食べ物を持ち込むのと同じなのかも
あちの！

時々きこえてきます

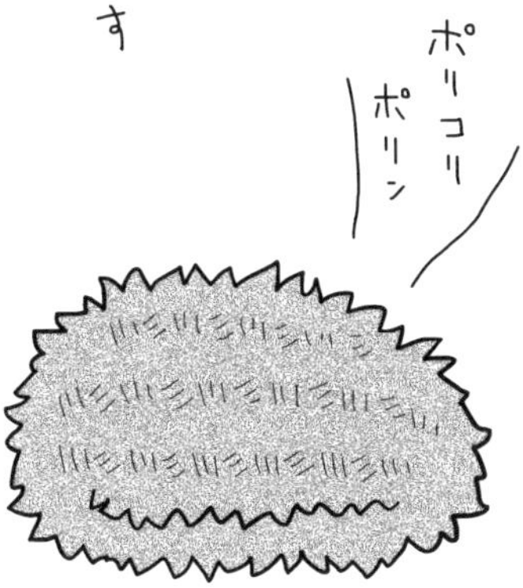
ポリコリ
ポリン

そしてやっぱりベッドの下

ちょっと！あけびちゃん②
あけびちゃんの今のお気に入りのおもちゃはコレです
あけびちゃん専用
ピンク
茄枝はよくちぎってた
リボンもそのまま
キーーン
音を鳴らすまでがワンセット
キーーン

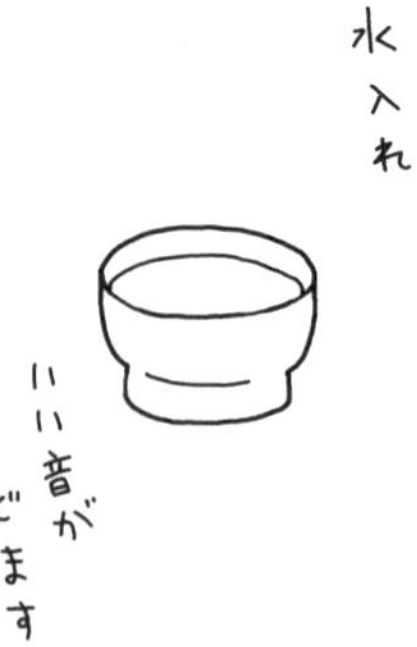
水入れ
いい音がでます

# あとがき

こんにちは！そして
はじめての方は
はじめまして！
あけび
我が家にきて一年…
あけびちゃんも
すっかり丸くなりました
物理的に
前回の単行本から2年—
みなさんのお力添えにより
5冊目へと続く事が
できました！
本当にありがとう
ございます！
ところで
あけびちゃんは
なにしてるの

今回は
あけびちゃんが
主役です
ニャハイ
なので表紙は
今までとは違う
カンジにしてみようと
担当さん↓
もっと
かわいい
デザインで…
いいですねー
数日後
くつした
サンプル
編集の方々や
デザイナーさんが
とてもかわいく
仕上げて下さい
ました!
絵本風で
かわいい!
ちんまりしてて
かわいい!
あけびちゃん
かわいい
親ばか

そして！
はじめて
コラムという
ものを
書かせていただき
ました！
コラムとか
書けるの？
シュミで小説や
エッセイを書く父の
遺伝子を持って
ますからね！
母もシュミで
詩を書いてた
いやそれ
答えになって
いないから
数日後
文才とセンスが
ほしいと
思いました
つたない文ですが
マンガでは
伝えきれなかった
想いを込めて
書かせていただきました
みなさんの心に
少しでも想いが
届きますように

いやー、しかし
コラム書くのは
おもしろかった！
バリバリバリ
最初 気楽に
書いてみた時は頭の中で
一度マンガにしたものを
文章にしたんです
映画やマンガの
内容を紹介する
カンジで
そうすると
状況説明が多く
なってしまうようで…
読みにくい
文章の
できあがり
なんか
くどい
読みやすい
文章を意識して
みました！
いかがでしたで
しょうか！
なんで昼ドラ
みたいになっちゃった
のかなぁ…
ナゾです

しかし5冊目が出ると思わなかった
ダンナ
推してくれた担当さん、どんな方法を使ったのかな〜？
コレかな？コッチかな？ん？
ゲス顔
ス…
前ページの雰囲気が台無し！
失礼ですよ！
シッ
シッ
こうしてみなさんのお手元にお届けする事ができました この一冊、少しでも楽しんでいただけたのでしたらとても嬉しいです！
編集長さん 担当さん デザイナーさん ありがとうございます！
この本に関わって下さったすべての方々に感謝！
これからもにゃんコたちとの思い出を描き続けていこうと思いますので、宜しくお付き合い下さいませ
たぁぽん
2017.10.1

# 植えこみに刺さっていた子猫を飼うことにした。

2017年11月20日　初版第1刷発行

著　者　たぁぽん

発行人　角谷 治

発行所　株式会社ぶんか社
〒102−8405
東京都千代田区一番町29−6
TEL:03−3222−5125（編集部）
TEL:03−3222−5115（出版営業部）
www.bunkasha.co.jp

装　丁　金子歩未（hive&co.,ltd.）

印刷所　大日本印刷株式会社

初出：『本当にあった笑える話』　2016年3月号～2016年10月号、2016年12月号～2017年9月号

©TAAPON 2017 Printed in Japan　ISBN978-4-8211-4470-9